U0124271

1 金胎掐絲琺瑯胸飾，飾有半寶石、玻璃膏，中間有一帶翅聖甲蟲雕飾物（復活象徵），出土自圖坦卡門法老墓。

2 約一九〇〇年出土。古羅馬文明，西元一世紀用來存放油膏的玻璃容器。

■3 十五世紀一幅威尼斯地圖的局部，呈現穆拉諾島。

■4 十五世紀眼鏡。

5 最早描繪戴眼鏡修士的圖畫，一三四二年。

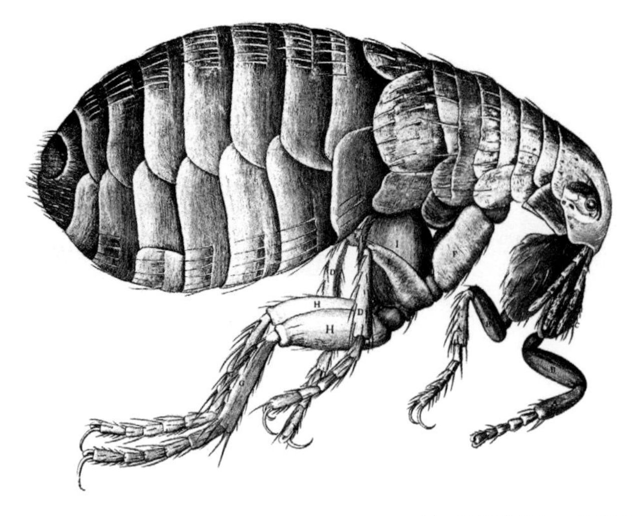

6 跳蚤（來自羅伯特・虎克之《顯微圖譜》的雕版畫，倫敦）。

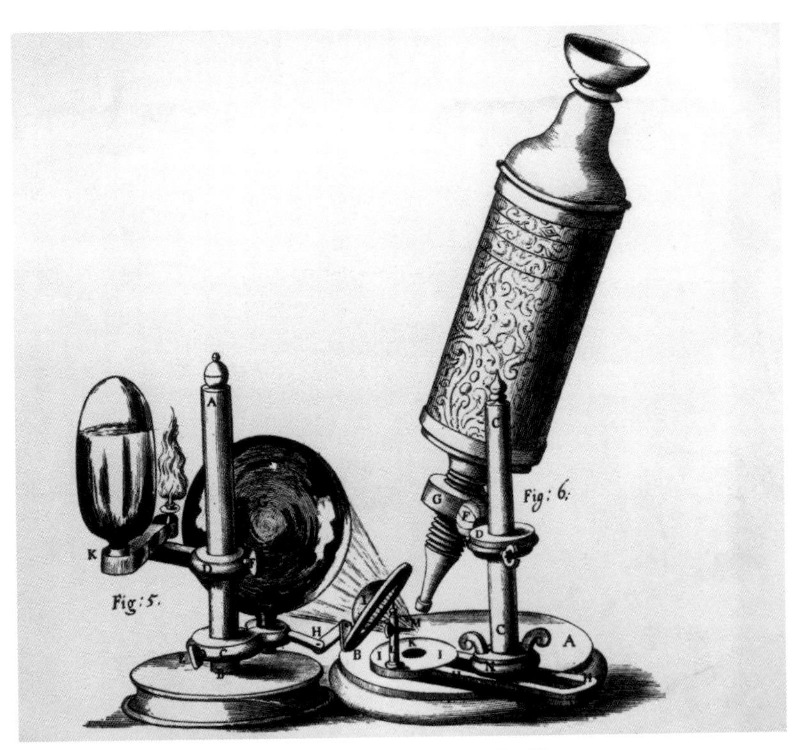

7 羅伯特・虎克所設計的早期顯微鏡，一六六五年。

8 在實驗室裡的查爾斯·佛農·博伊茲，一九一七年。

9 狄耶哥・委拉斯蓋茲的《侍女》。

10 凱克天文台。

11 從湖裡切割下來的冰塊漂浮於水中，然後經滑道拉到儲存屋，一九五〇年。

12 兩名男童看著兩名工人在紐約哈林區人行道上送冰，一九三六年。

13 約翰・高里醫生。

14 奇異公司冰箱廣告，一九四九年。

16 克萊倫斯・伯茲艾攝於加拿大拉布拉多半島，一九一二年。

15 克萊倫斯・伯茲艾正以胡蘿蔔丁做實驗，以查明不同的攪動速度和氣流速度對食物的影響。

17 穿著工裝褲的工人檢查輸送帶上的伯茲艾冷凍食品箱。拍攝日期未標注，約一九二二至一九五〇年間。

18 開利公司實驗室正測試其新的中央空調裝置。它要價七百美元，可提供六個房間的空調，從地板處往上散播涼空氣。在圖中的起居室，使涼空氣為肉眼可見的煙升到三呎高。一九四五年。

19 Sackett & Wilhelms印刷公司的空調系統。

20 厄文劇院，一九二〇年代。

21 「明日冰屋」。在聖路易萬國博覽會場展示空調技術的冰屋裡，威利斯·開利博士拿著溫度計。冰屋溫度受到控制，始終保持攝氏二十度。

22 法國屈爾河畔阿爾西洞穴的發現，一九九一年九月。

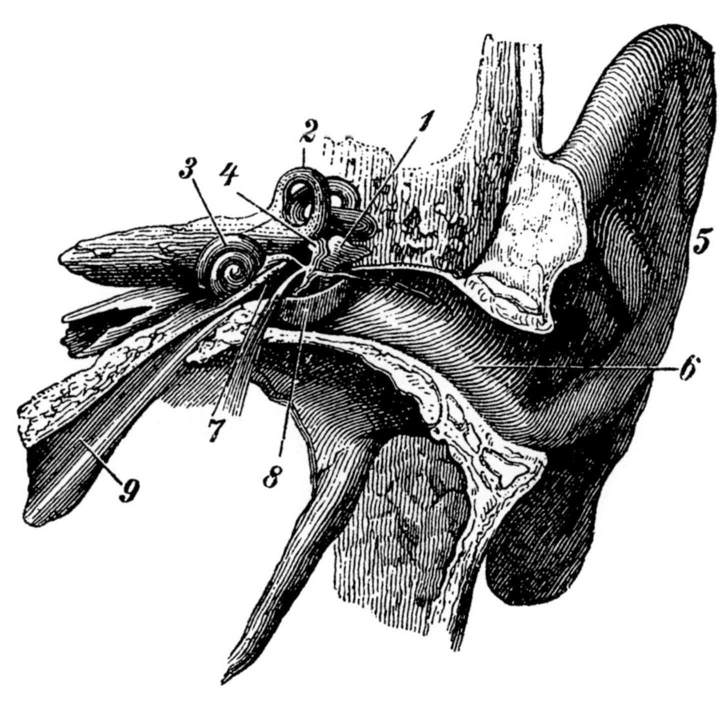

23 解剖學書籍畫出人耳的基本結構。

24 愛德華－萊昂・斯科特・德・馬丁維爾，法國作家和語音描記器的發明人。

25 語音描記器，約一八五七年。

26 發明家亞歷山大·格雷厄姆·貝爾的實驗室，一八八六年。他在這裡實驗用電傳送聲音。

27 一九六三年八月三十日，在華府白宮，員工在安裝「紅色電話」，即冷戰期間作為白宮與克里姆林宮溝通憑藉的著名熱線。

28 美國發明家李・德富雷斯特，一九二〇年代末期。

29 作曲家艾靈頓公爵在舞台上演出，約一九三五年。

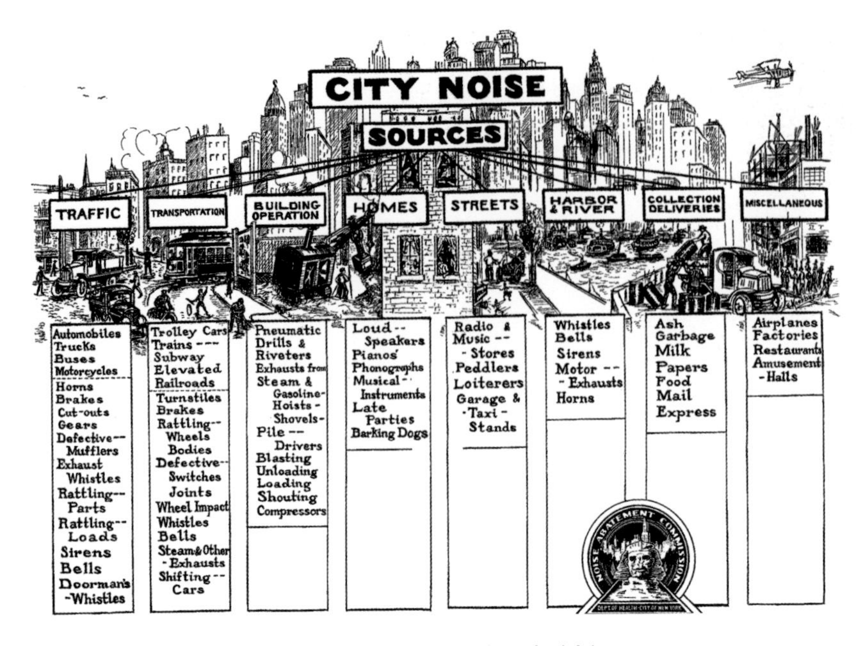

30 《城市噪音》(*City Noise*)一書中的聲音圖表分類。

31 無線電開發者范信達在測試他所發明的裝置，一九〇六年。

32 埃利斯・契斯布勞，約一八七〇年於芝加哥。

33 抬高布里格斯飯店，芝加哥的磚造飯店，約一八五七年。

34 在倫敦的國王十字區，工人在建造大都會線地鐵。

35 中央健康教育委員會發布的海報（一九二七～一九六九），一九五五年。

36 高樂氏廣告。

37 約翰・斯諾的蘇荷區霍亂分布圖。

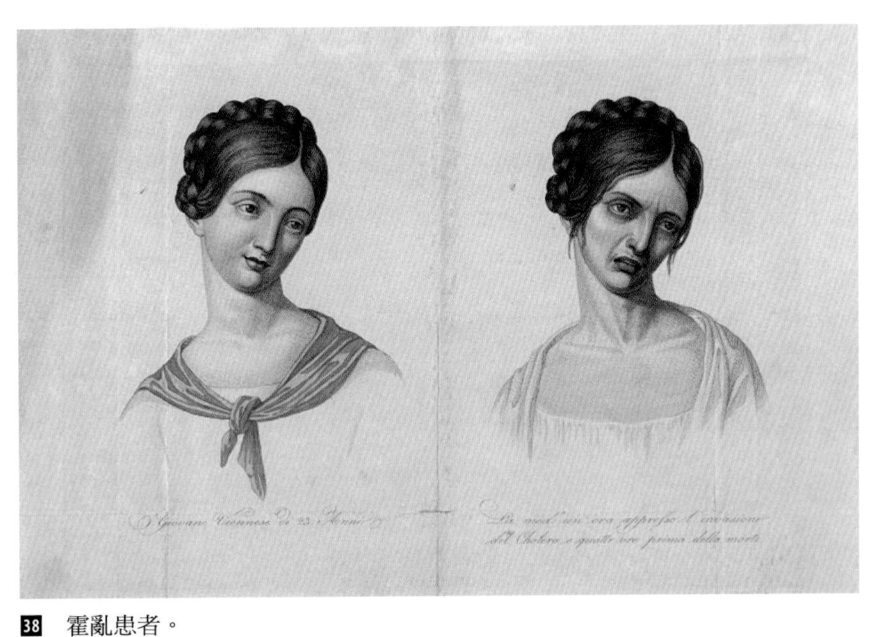

38 霍亂患者。

CHOLERA

AND

WATER.

BOARD OF WORKS

FOR THE LIMEHOUSE DISTRICT,
Comprising Limehouse, Ratcliff, Shadwell, and Wapping.

The INHABITANTS of the District within which CHOLERA IS PREVAILING, are earnestly advised

NOT TO DRINK ANY WATER

WHICH HAS NOT

PREVIOUSLY BEEN BOILED.

Fresh Water ought to be Boiled every Morning for the day's use, and what remains of it ought to be thrown away at night. The Water ought not to stand where any kind of dirt can get into it, and great care ought to be given to see that Water Butts and Cisterns are free from dirt.

BY ORDER,

THOS. W. RATCLIFF,
CLERK OF THE BOARD.

Board Offices, White Horse Street,
1st August, 1866.

39 霍亂警示，一八六六年。

40 德儀公司內部。

41 古羅馬集市日曆，羅馬。古伊特魯里亞人於西元前八或七世紀左右，發展出以八天為一星期的市集星期。

42 比薩大教堂內那具擺盪的祭壇燈。

43 伽利略・伽利萊。

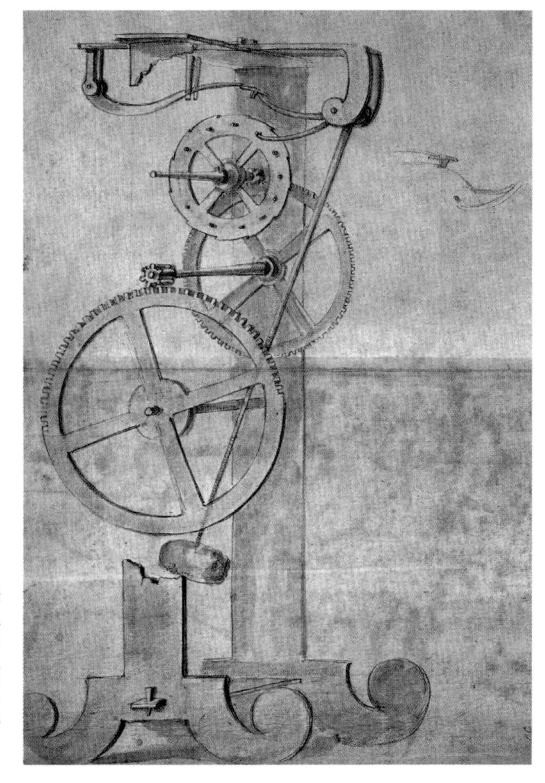

44 義大利物理學家、數學家、天文學家、哲學家伽利略・伽利萊所設計的擺鐘的示意圖，一六三八～一六五九年。

45 福特汽車公司魯日廠裡打卡的工人。

46 倫敦霍爾本區，替一具大型丹尼森表重上發條（一年重上發條一次）。

47 阿隆·魯夫金·丹尼森肖像。

48 擁有懷表的不知名軍人，一八六〇年代（美國國會圖書館）。

49 航海天文鐘，來自倫敦市政廳的鐘表業博物館。

50 長今鐘。

51 查爾斯·湯斯教授，哥倫比亞大學物理系主任，與該大學物理系的「原子鐘」合影。發表日期：一九五五年一月二十五日。

52 湯瑪斯・愛迪生。

53 雅各・里斯，一九〇〇年代。

54 來自圖坦卡門墓的酒杯狀燈。這個杯子設計成注入油，點燃燭芯之後，杯體會出現圖坦卡門和安凱塞娜蒙的人影。古埃及新王國第十八王朝，西元前一三三三～一三二三年。

55 早期的愛迪生碳絲燈，一八九七年。

56 改造「布拉什電燈」（Brush Electric Light）以符合街頭照明的需要，紐約第五大街飯店附近的景象。

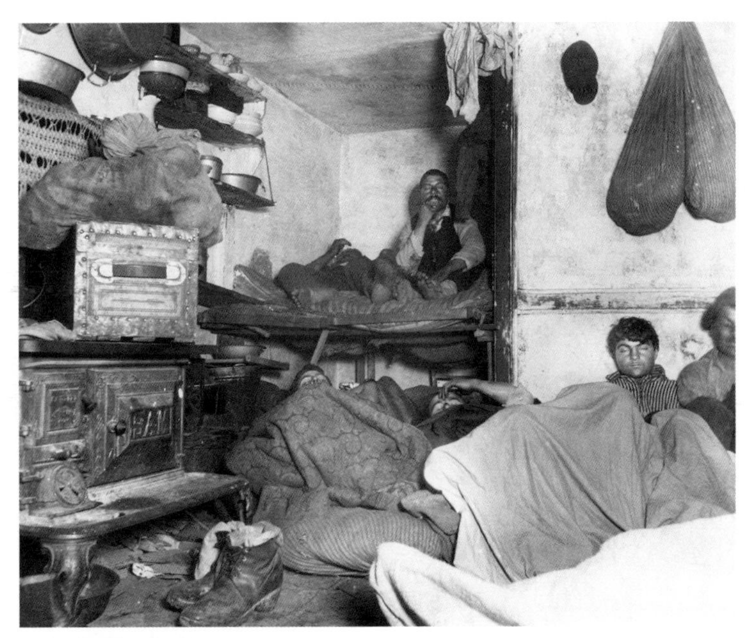

57 紐約市擺也街（Bayard Street）某分租公寓裡移民的棲身之所。雅各・里斯攝於一八八八年。

58 一九六〇年代內華達州拉斯維加斯鬧區夜景。

59 范恩・德拉古（Vaughn Draggoo）在加州國家點火設施檢查一巨大的靶室，那是未來的光致核融合的測試場。從一百九十二個雷射發出的光束會瞄準一融合燃料丸，以製造出一場控制下的熱核爆炸（二〇〇一）。

61 奧古絲塔・洛夫萊斯伯爵夫人，約一八四〇年。

60 查爾斯・巴貝奇。

62 巴貝奇的分析機。

How We Got to Now

Six Innovations That Made the Modern World

Steven Johnson
史蒂芬・強森　黃中憲——譯

我們如何走到今天？

印刷術促成細胞的發現到製冷技術形塑城市樣貌，
一段你不知道卻影響人類兩千年的文明發展史

熟諳科學史，第一流的說書人

媒體一致好評

本書從「玻璃、製冷、聲音、乾淨、時間與光」這六項主題，挖掘出人類史上，各種充滿驚奇與創意的轉捩點。

書中故事顯示，創新發明鮮少是由一位天才獨力完成，眾多前導性觀念、知識與技術累積才是關鍵。更有趣的是，許多發明的後續效應，往往遠超過發明者所能想像，如同發明電話的初衷，根本不是為了讓人類便於溝通。眾多意料之外，最終打造出我們所生活的世界。

閱讀本書，想必能為讀者帶來許多具啟發性的刺激。

——「udn Global 轉角國際、說書 Speaking of Books」專欄作家王健安

傑出的科學作家。

——比爾．柯林頓，於二〇一三年柯林頓基金會健康事務大會

史蒂芬．強森是科技界的達爾文，透過引人深思的觀察心得和深刻見解，帶我們了解高明構想的起源。

——《賈伯斯傳》作者華特．艾薩克森

史蒂芬．強森是博學多聞之人……跟著他處處透著新奇的思想列車前行，令人無比振奮。他進出多種學科：化學、社會史、地理學，乃至生態系科學，說明為何某些構想使世界有了翻天覆地的變化。

——《洛杉磯時報》

強森先生，熟諳科學史，第一流的說書人。

——《紐約時報》

讓你不由得樂在其中……強森不是在交待某些發明的來龍去脈，而是在做觀照面更廣、更具想像力的事……我特別喜歡強森一路走來得出的文化心得

……（他）機敏且富說服力……一本迷人、讓人愛不釋卷的書。

——《紐約時報書評》

史蒂芬．強森是講述構想之來龍去脈的行家……本書讀來有趣、引人入勝，凡是已把周遭種種神奇事物視為稀鬆平常者，都會眼界大開。

——《衛報》

作者的觀點簡單、重要且出現得正是時候：在急速創新的時期裡，由於人們想理解創新，必然免不了喧譁混亂……強森的著作總是引人入勝，將每個複雜且互不相干的事物納入筆下，把它們的演變講得清楚易懂。

——《華盛頓郵報》

史蒂芬．強森寫了數部以科技創新史為題的出色之作，已成為協同創新說的最有力提倡者之一……強森先生的博學多識，有時令人瞠目結舌。

——《華爾街日報》

這本書讓人如此眼界大開，乃是因為強森能看出人類的進步是龐大的影響網絡所致，而非藉由一發明促成另一發明這種單純的直線連鎖式演變，此書一言以蔽之就是在頌揚人類心智的高妙。

——《*The Daily Beast*》

讓人愛不釋卷……很不簡單的一本書！

——《*CBS This Morning*》

請給史蒂芬．強森接連三次的滿場歡呼。在當今的科技革命時代，埋頭探討創新、發明與創造力的作家，絕非只他一人，但說到可讀性，他是箇中翹楚。

——《水牛城新聞報》

本書讀者肯定會驚嘆於人類腦子的厲害，包括強森腦子的厲害，能把這些往往讓人眼花撩亂但影響深遠的一連串演變理得清清楚楚。

——《舊金山紀事報》

一趟迅速但有趣的時光旅行，帶我們一窺構成當今世界之許多予人舒適生活的東西和科技的來龍去脈。

——《基督教科學箴言報》

本書以引人入勝的筆法，帶人一窺某些基本發明——例如計時工具、可靠的衛生方法、強效冷凍冷藏設施、玻璃製造和原音重現——的演變過程，往往出人意表的過程。

——Shelf Awareness

作者以簡練且淺顯的手法談科學和技術，流露出他從探討筆下題材之中得到的具有感染力的樂趣……每一章都充斥著奇怪且令人想一探究竟的環環相扣關係。

——Barnes and Noble Review

講述造就出我們今日所置身世界的科學、發明、意外、天才，極具可讀性，且引人入勝。

——《明尼亞波里星壇報》

獻給本來肯定以為我會以十九世紀捕鯨業為題
寫下一部三卷本專題論著的珍

目次

專文推薦　用長鏡頭看歷史　汪栢年　17

前言　機器人歷史學家和蜂鳥翅膀　23

第一章　玻璃　37

明淨玻璃×古騰堡印刷機：看見肉眼所看不見的東西　40

玻璃纖維×光信號0與1：全球網際網路的醞釀　48

鏡子×自畫像：藝術人文的內省與自覺　53

夏威夷火山×長鏡頭：數十億光年外的銀河系　60

第二章　製冷　69
北方的冰×南方的熱：冷，也是一項資產　71
芝加哥牲畜圍場×冷藏車廂：改變美國景觀地圖的環境力量　84
蚊蚋×發高燒：人工製冷設施的發明　88
瞬間冷凍×冰晶體：餐桌上的冷凍晚餐包　96
室內降溫×空調問世：人口分布的大改變　102

第三章　聲音　111
尼安德塔人×洞窟壁畫：宏大的聲音回響　113
斯科特×語音描記器：人類史上第一台聲音記錄裝置　115
貝爾×電話機：私密的一對一發聲模式　121
綠色大黃蜂×無線電：「數位時代」開始了　128
德富雷斯特×無線電廣播：非裔美國人的文化進入白人家客廳　131
范信達×振盪器：五四〇赫茲聲波　145

第四章 乾淨

一八五〇年代╳契斯布勞：抬高城市，埋入污水排放系統 153
一八五〇年代╳森梅爾韋斯：外科醫生看病之前不洗手？ 156
一九〇八年╳約翰・李爾：在水庫中率先使用氯化技術 162
二十世紀初╳安妮・默雷：一般消費大衆的家用漂白劑 169
二十世紀下半葉╳微晶片廠：乾淨到人不能喝的水 177

第五章 時間

十六世紀中葉╳笨重的機械鐘：一天跑掉二十多分鐘 180
十七世紀末╳擺鐘：一星期只快上或慢上一分鐘 187
一八六〇年代初期╳懷表：不是有錢人才能擁有 189
一八八三年╳製定時區：時間，不再是日、月、星辰所寫下 194
一九三〇年代╳石英鐘：測量時間的精確度跳升至微秒 199
一九五〇年代中期╳原子鐘：GPS，測量時間成為測量空間的關鍵 201

碳十四年代測定法╳皮耶．居禮：每五千年才滴答一下 213

第六章 光 219

人造光╳蠟燭：照亮兩千年人類史 221
通膨╳人造光的成本：平均工資的真正購買力 226
愛迪生╳照亮街區：多位發明家在燈泡研發路上已奮鬥了八十年 229
一八六一年╳古夫金字塔：閃光攝影技術問世 239
雅各．里斯╳閃光燈：第一次忠實呈現貧民窟的骯髒與苦難影像 243
拉斯維加斯╳霓虹燈：後現代主義的建築燈光秀 250
《星際大戰》╳雷射光束：結帳櫃台上的條碼掃瞄機 257
國家點火設施╳小如胡椒粒的氫丸：創造乾淨、永續的能源 262

結論 時光旅行者 267

誌謝 301
附注 289
圖片來源 283

專文推薦　用長鏡頭看歷史

汪栢年（國立蘭陽女中歷史教師）

今日正是電子科技大幅領先人文思維的一個關鍵時期，也是數位資訊氾濫遠遠勝過閱讀素養的世代。正當人們不自覺融入虛擬世界時，更多的心靈卻開始渴望尋求哲學的慰藉。精神與物質，是人類歷史演進的兩大要素，當物質文明遠遠凌駕在精神文明之上時，更加突顯精神文明的可貴與重要性。本書延伸的六大科技發明：玻璃鏡片、空調、唱片、乾淨的水、手表、燈泡等，其實是跟人身密切關係的：視力、體溫、聲音、飲水、時間、照明。六大發明在現代人的眼中來看並不是什麼偉大的成就，但是，在從無到有的過程之中，卻隱含了人文及自然的神祕哲理——這也是本書的精華所在。

整體的因果關係包含宗教的、自然的、人文的等三種不同的層面，歷史的因果關係只是其一。就宗教的因果關係來說，神的作用力及道德價值觀在其中發揮很大的作用力。物理界的自然因果律，沒有任何例外：有因就有果，只要控制一定的溫度、力量、物質，就會產生可預期的自然變化，不可能有神蹟出現。人文的因果關係則加入了主觀的價值判斷與興趣選擇在內，其因果關係的解釋則並非固定的，且會因人而異。因此，歷史的因果關係常會因時代的不同，而有不同的解釋。本書所論述的「蜂鳥效應」，是一種人文的因果律，再加入部分自然因果律的概念，遂對世界史的演進提出另一層的看法。簡單地說，自然物質的研發與改良，會與人類活動產生交互作用，進而產生無法預期的改變——就好像花朵演化使花蜜增多，導致改變翅膀旋轉方式而能滯空吸取花蜜的蜂鳥出現。

兩千六百萬年前，因一顆彗星在利比亞沙漠上空爆炸產生的高溫，讓沙漠中的砂粒熔合成二氧化矽（玻璃）。後來，人們發現製造玻璃的方法，玻璃遂逐漸走入人類的歷史中。之後，人們為了生活上的需求，將玻璃打造成玻璃窗、葡萄酒瓶、飲器、眼鏡、望遠鏡、顯微鏡等各式各樣的器物。十五世紀中葉，古騰堡發明印刷術之後，產生大量的書籍及閱讀大眾。人們為了克服人類與生俱來的遠視以方便閱讀各式刊物，配戴眼鏡逐漸成為人們的日常習慣。這是一個詮釋「蜂鳥效應」的好例子：「自然物質的研發與改良（印刷機、眼鏡），使人類活動產生無法預期的改變（閱讀、戴眼鏡）。」

另一個可與蜂鳥效應相媲美的，是人類的「群力效應」。在「製冷」單元中，以長鏡頭的手法將「賣冰業」、「冷凍肉品」、「冷氣房」放入歷史的視野中觀察。從中可以得出「群力效應」：歷史之流中、不同時空下的人們為了改變生活型態，常運用自己獨特的想法，展開與物質間的互動。書中的六大發明決非一蹴可及的，而是群力造成的。從一件新發明出現的過程，可以看出許多人發揮卓越的精神創造力，努力改變物質以提升生活品質，無形中加速人類文明的腳步，進而改變了歷史發展的進程。

一八〇五年，波士頓商人佛雷德里克・杜鐸（Frederic Tudor）開始將冰塊從新英格蘭地區運至西印度群島販賣。在一八三〇年代，他的賣冰事業已擴展到印度孟買和巴西里約熱內盧；在一八四〇年代，販賣天然冰已經成為全球商業網絡中的一環。一八六〇年代，在全球冰業擴張的基礎上，美國肉品大亨開始利用大自然的冰塊替美國人喜愛的肉品保鮮，甚至研發出冷凍車廂與冷凍船，使芝加哥成為十九世紀美國的牲畜圍場：一年宰殺一千四百萬頭牲畜，再利用冷藏設備銷售到各地。在天然冰的應用發揮到淋漓盡致之際，人們開始構思人造冰的製造方式，佛羅里達州的一位醫生約翰．高里（John Gorrie）為了降低感染瘧疾病人的高溫，發明壓縮空氣的機器，被壓縮的空氣因吸收四周的熱氣，而使氣溫下降，甚至可以製冰。這項劃時代的發明，歷經數十年許多人的研發革新，使冷凍食品及空調進入人們的生活中，改變了人類的飲食習慣及人口分布。

本書的第三個特點是「從長鏡頭的角度來看歷史」。有別於「蜂鳥效應」的人文因果律及「群力效應」的進步史觀，長鏡頭（long zoom）能看出歷史獨特的因果關係。運用長鏡頭，才可突顯歷史特有的時序性、脈絡化與因果關係，才能夠導引出「蜂鳥效應」、「群力效應」——不同物種的相互影響及不同時空的人類發明活動——以重新解讀世界史。生活在資訊氾濫、短訊遍布的今日，人們對跨時空的推論及陳述已深懷恐懼，對隱含在事物之中的道理也不再感興趣。閱讀本書後，將可令人耳目一新，學習以長鏡頭的世界史觀重新認知及定位與自身相關的六大科技發明。

前言　機器人歷史學家和蜂鳥翅膀

二十多年前，墨西哥裔美籍藝術家和哲學家馬努埃爾・德蘭達（Manuel De Landa）出了一本絕妙的怪書，名叫《聰明機器時代的戰爭》（*War in the Age of Intelligent Machines*）。該書嚴格來講是本軍事技術史書，但書中內容卻與你認為這類書所會有的內容完全不搭軋。德蘭達的書沒有海軍學院教授筆下對潛艇工程的精心描述，反倒把混沌理論、演化生物學和法國後結構主義哲學，融入對圓錐狀子彈、雷達等軍事新發明的歷史敘述中。我記得二十歲出頭當研究生時讀這本書，認為它似乎十足獨樹一格，好似德蘭達是從某個有智慧生命的星球來到地球的人。它讓我覺得既引人入勝又非常困惑。

德蘭達以充滿深意的高明新手法為此書開局。他要讀者想像一本寫於未來的歷史著作，作者是某種具有人工智慧的東西，書中則詳述前一個千年的歷史。德蘭達主張：「可想而知，這樣的機器人歷史學家寫出的歷史，將不同於人類歷史學家所撰述的歷史。」人類記述裡看重的那些事件——歐洲人征服美洲、羅馬帝國覆滅、英國大憲章——從機器人的角度看，將會是注解。傳統歷史眼中不值得大書特書的其他事件——十八世紀假裝下棋的自動玩具、為早期計算機打孔卡的問世提供靈感的緹花機——在機器人歷史學家眼中，則會是直接影響今日社會面貌的重大轉折。德蘭達解釋道：「人類歷史學家或許會努力去了解人如何組裝出鐘表機械、馬達等實體裝置，機器人歷史學家則很可能更著墨於這些機器如何影響人的演化。機器人會強調一點，即當鐘表機械代表地球上的最高技術時，人把其所置身的世界想像為由輪齒和輪子構成的類似體系。」

很遺憾地，我這本書裡沒有智慧機器人。此書中談到的新器物都是尋常可見的東西，非科幻小說裡的虛構之物：燈泡、唱片、空調、一瓶乾淨自來水、一只手表、一片玻璃鏡片。但我盡力從類似德蘭達筆下那位機器人歷史學家的角度，講述這些新器物的故事。如果燈泡能寫下過去三百年的歷史，那也會是大異其趣的歷史。我們會看到我們過去花了多少歲月追求人造光，花了多少心血對抗黑暗，我們的發明如何促成乍看之下似乎與燈泡完全扯不上關係的改變。

這是段值得講述的歷史，原因之一是它使我們得以用新的眼光看一個我們普遍覺得理所當然而未予深思的世界。已開發世界的大部分人未停下腳步思索水龍頭一開，即有水可喝一事的驚奇之處，也從未擔心得了霍亂後四十八小時喪命。拜空調之賜，我們許多人舒服生活在五十年前還令人無法忍受的氣候區裡。我們的生活被一大堆過去數千人以構想和創意點化過的器物所圍繞，得到那些器物支持。那些人是發明者、有濃厚特定嗜好者、改革者，他們逐步解決了製造人造光或乾淨飲用水的難題，使我們今日得以在未細思其由來的情況下，甚至在未把它們當成奢侈品的情況下，享用那些奢侈品。誠如機器人歷史學家肯定會提醒我們的，我們要感恩那些人，感恩程度完全不下於我們對傳統歷史的國王、征服者、大亨的感恩，甚至更有過之。

但寫這樣一本歷史書還有一個理由，那就是這些新器物已為社會帶來種種改變，比你所合理預期的還多上許多變化。新器物問世之初，通常是為了解決某個問題，但一旦流通起來，最後即引發難以預料的其他改變。這是種在演化史上不斷出現的改變模式。拿授粉一事來說，在白堊紀的某個時候，花開始演化出顏色和氣味，讓昆蟲知道有花粉可食，昆蟲則同時演化出複雜的構造以攝取花粉，並在無意間用花粉讓其他花受精。一段時日之後，花用富含更多能量的花蜜替花粉加味，誘引昆蟲投入授粉儀式。蜜蜂等昆蟲演化出能看到花朵的感覺工具，而被花朵吸引過去，在這同時，花演化出吸引蜜蜂過來的特性。這是另一種適者生存現象，不是我們在遭稀釋過的達爾文學說介紹裡常聽到的那種向來你死我活的競爭現象，而是共生意味較濃的現象：昆蟲與花共生共榮，因為它們在身體機能上彼此充分配合（學界把這現象稱作共同演化）。查爾斯·達爾文也看到這一關係的重要，在出版《物種起源》（*On the Origin of Species*）後，寫了本談蘭花授粉的專書。

這些共同演化的互動常導致有機體的改頭換面，而且使有機體似乎變得和原本的物種無直接關聯。有花植物與昆蟲的共生，促成花蜜的產生，最終為大上許多的有機體（蜂鳥）創造了從植物攝取花蜜的機會，但為了攝取花蜜，牠們演化出一種極不尋常的飛行結構，使牠們得以懸停於花旁。放眼鳥界，只有少數鳥類的飛行方式能近似於此，遑論企及。昆蟲能在飛行中穩住身子，因為牠們的生理結構具有脊椎動物所沒有的基本柔韌性。蜂鳥受到自身骨骼結構所加諸的限制，卻演化出前所未見的旋轉翅膀方式，使牠們有力氣往下、往上揮動翅膀，從而能懸停在空中攝取花蜜。植物的有性生殖策略，最終左右了蜂鳥翅膀的設計，這是演化所不斷創造出的奇怪躍進。若非自然學家實地觀察過最早和有花植物一起演化出授粉行為的昆蟲，他們大概也想當然耳地推斷這一奇怪的新儀式與鳥類毫無關係。但這一新儀式最終促成鳥類演化史上極驚人的一次身體變化。

構想與新器物的歷史以同樣的方式展開。約翰內斯·古騰堡的印刷機促成眼鏡需求大增，因為新的閱讀習慣使歐洲大陸各地的人突然間了解到自己遠視；市面上對眼鏡的需求，則鼓勵愈來愈多人投入鏡片的製造與實驗，從而促成顯微鏡問世，進而在不久後使我們得以知道人體由微細胞構成。你不會認為印刷技術與我們的觀察能力能細到細胞層次一事有何關聯，就像你不認為花粉的演化會改變蜂鳥翅膀的設計。但改變就是這樣發生。

乍看之下，你或許覺得這個說法和混沌理論著名的「蝴蝶效應」——加州一隻蝴蝶的振翅最終引發中大西洋的一場颶風——大同小異；但其實兩者根本就不同。蝴蝶效應不尋常（且令人不安）的特性，在於它涉及一道幾乎無法知曉的因果鏈：你無法詳細道出蝴蝶身邊跳動的空氣分子和大西洋上正醞釀之暴風雨系統間的關係。它們或許相關，因為萬物在某個層次上都相關，但我們無法說明其間的關聯，更難事先預測那些關聯。但在花與蜂鳥的互動上，有個大不相同的東西在運作：它們是差異極大的兩種有機體，有不同的需要和習性，更別提基本的生物系統，但花以直接且可理解的方式明確影響了蜂鳥的外貌。

於是，本書有部分篇幅在談這些奇怪的連鎖影響「蜂鳥效應」。某領域的一個新器物，或一群新器物，最終引發似乎完全屬於其他領域的改變。蜂鳥效應以多種形態呈現。有些是憑直覺就能感知的：在能量分享或訊息分享上的數量級增加，往往引發一波混亂的改變，且改變浪潮很快就翻湧出知識領域和社會領域（看看過去三十年網路的發展軌跡就可知）。但其他的蜂鳥效應較幽微，它們留下較不顯著的因果指紋。人類在測量現象（時間、氣溫、質量）的能力上取得突破性進展，往往打開乍看之下似乎沒有關聯的新機會（擺鐘是工業革命的工廠鎮得以順利運行的推手）。有時，一如在古騰堡和鏡片的故事裡所見，新器物使我們固有的工具組變得不利或不好用，使我們走上新方向，製造出新工具，以解決一個其實是人發明出來的「難題」。有時，新工具降低了妨礙人類擴張的天然障礙和限制，比如空調問世使人得以大量移居地球上的炎熱地方，那種移居規模乃是三代前的先民若看到會大吃一驚的規模。有時，新工具影響我們的隱喻思維，比如，在機器人歷史學家把鐘表與早期物理學的機械觀掛鉤的說法中，世界被想像為由「輪齒和輪子」構成的體系。

觀察歷史上的蜂鳥效應，使人看出社會的轉變有時並非人力和決策所直接造成。有時，改變透過政治領袖或發明家或抗議運動的作為而產生，他們透過有心的規畫刻意造成某種新現實（美國境內出現一體性的全國公路系統，主要因為美國的政治領袖決定通過一九五六年的「聯邦資助公路法案」）。但在其他例子，構想和新器物似乎有自己的生命，在社會上產生非它們的創造者所設想的改變。空調的發明者著手降低起居室和辦公大樓的溫度時，並無意重畫美國的政治地圖，但誠如後面章節所述的，他們發明的這項新東西，使美國的聚居模式得以劇烈改變，從而使國會議員與總統選舉的當選者改頭換面。

我始終不願以某種價值判斷來評斷這些改變。這本書無疑是對人之聰明才智的頌揚，但一件新器物的問世，不表示在該器物影響整個社會時不會帶來好壞參半的結果。被文化「選中」的構想，從當地所追求目標的角度來看，大部分顯然可以說是種改良：有些時候，我們選擇了較差勁的技術或科學原理，而非較有用或較正確的技術或科學原理，但這些情況只是證明規則存在的例外情況。即使我們曾短暫選擇了較差的ＶＨＳ，而非較優的Betamax，不久後，還是有了功能比ＶＨＳ或Betamax都強的ＤＶＤ問世。因此，當你從那個角度思索歷史的演進時，歷史的確往更好的工具、更好的能源、更好的傳送資訊的方式在前進。

問題在於外部效應和非預期的後果。谷歌於一九九九年啟用其最早的搜尋工具時，那是在探索全球資訊網龐大檔案庫上一項相對於過去任何搜尋技術的重大改良。幾乎在每個層面上，那都是值得讚揚的一項創新：谷歌使整個全球資訊網更有用，而且不收費。但後來谷歌開始賣與搜尋要求相關聯的廣告，才幾年時間，搜尋的效率（加上其他一些線上服務，例如Craigslist），就把全美地方報紙的廣告基礎掏空。幾乎沒人能預見這樣的事，就連谷歌創辦人都沒預見到。你可以主張——剛好我大概也會這麼主張——權衡利弊得失後，這還是值得，主張來自谷歌的挑戰最終會激發出某種更好的新聞業，以全球資訊網而非印刷機所帶來的獨特機會為核心展開的新聞業。但若說全球資訊網廣告業的興起，危害了報業的基本公共資源，那當然也是言之成理持之有故。幾乎每一樣技術革新都引發同樣的爭辯：汽車讓我們享有比馬更有效率的運輸，但為此傷害環境或失去可步行的市區，值得嗎？空調使我們得以在荒漠居住，但為了供水要付出多大代價？

這本書在這些價值問題上始終抱持不可知的態度。弄清楚改變從長遠來看是否對我們較有利，與弄清楚改變如何發生，是兩碼子事。如果要理解歷史，要畫出走向未來的路徑，這兩點都該弄清楚。我們要能理解創新如何在社會發生；要能盡可能預測並理解將在每個新器物得到大部分人接受後改變其他領域的蜂鳥效應。在這同時，我們需要一個價值體系，用以決定哪種事物該予以鼓勵，決定哪種得大於失。我竭力說明本書所檢視的諸多新器物所帶來的所有利弊得失。真空管有助於把爵士樂帶給廣大聽眾，也有助於擴大納粹黨紐倫堡群眾大會的效應。對這些改變你最終作何感想——我們因真空管的發明而過上更好的日子？——將取決於你自己對政治與社會改變兩者的信念體系。

在此我還應談談本書所探討重點的另一個要素：本書所提到的「我們」，

大抵上指的是北美人和歐洲人。中國或巴西如何走到今天的故事，不同於「我們」如何走到今天的故事，且有趣程度絲毫不遜於後者。但歐洲／北美的故事，雖然範圍有限，關聯性卻較廣，因為某些重要經歷（科學方法的興起、工業化）最早發生於歐洲，如今擴及整個世界。（為何它們最早發生於歐洲，當然是很有趣的一個問題，但那不是本書想解答的問題。）那些猶如被施了魔法的日常生活物品（燈泡、鏡片、錄音裝置），如今在地球幾乎每個地方都是生活的一部分；從它們的角度講述過去千年的故事，不管你住在何處，應該都會是饒有興味的故事。新器物的出現受到地緣政治史的左右；它們集中出現於城市和貿易中心。但長遠來看，它們對國界和國民身分沒什麼耐心，尤以在今日，在彼此相連的我們世界裡為然。

我力求守住這個重點，因為我在此所寫的歷史，在其他方面牽連甚廣。例如，講到我們捕捉並傳送人聲之能力一事，不只要講到一些聰明絕頂的發明家，講到每個學童都已熟知的愛迪生家、貝爾家，還要講到十八世紀的人耳解剖素描、「鐵達尼號」沉沒、民權運動、破真空管的古怪音質。這是我在其他地方稱之為「長鏡頭」（long zoom）歷史的一種探究方式：試圖藉由同時檢視多種不同格局的經驗，從聲波在耳膜上的振動到群眾政治運動，來說明歷史變遷。把歷史敘述維持在個人或國家的格局上，或許是較合乎直覺的作法，但在某個基本層級上，留在那些範圍並非正確之道。歷史發生於原子的層級上，發生於地球氣候變遷的層級上，發生於兩者之間的所有層級上。如果想要正確理解這個故事，我們需要一個能讓所有層級都得到公平對待的詮釋方式。

物理學家理查・費曼（Richard Feynman）曾以類似的思路描述美學與科學的關係：

> 我有個從事藝術創作的友人，有時觀點我不是很認同。他會舉起一朵花，說「你看很美吧」，我會附和他的看法。然後他說：「我身為藝術家能看出這有多美，但你身為科學家把這東西拆解，它變成很乏味的東西。」我覺得他可以說是個怪胎。首先，我認為他眼中的美是其他人和

我都能體會的。我在審美上或許沒他那麼精妙……但我能體會花的美。在此同時，我在花身上所看到的，遠多於他所看到的。我能想像那裡面的細胞，裡面的複雜動作，而那些動作也是種美。我的意思是美不只在這個格局上，在這一公分的格局上；在更小的格局，在內部結構，還有過程裡，也有美。花為吸引昆蟲授粉而演化出顏色一事，的確很有趣；那意謂著昆蟲能看到顏色。那也添了一個疑問：較低等生物也有審美意識嗎？為何那是美的？各種有趣的疑問，說明科學知識只會增添花予人的興奮、神祕、敬畏之感。只會增添。我不懂怎會減少那些感覺。

大發明家或大科學家（例如伽利略和他的單筒望遠鏡）努力實現其劃時代理念的故事，有其絕對吸引人之處，但還有更深刻的故事也值得一談：製作鏡片的能力如何也取決於二氧化矽的獨特量子機械特性和君士坦丁堡的覆滅。從那個長鏡頭視角講述這故事，未減損以伽利略的過人才智為重點的傳統記述，只會使其更加豐贍。

第一章 玻璃

我們所鮮少做的，乃是認知到玻璃對這整個網絡的支持功勞：我們隔著玻璃鏡片拍照，在用玻璃纖維強化塑膠製成的電路板上儲存照片和處理照片，透過玻璃纜線把照片傳送到世界各地，在用玻璃製成的螢幕上欣賞照片。這一路下來都有二氧化矽的身影。

約兩千六百萬年前，在撒哈拉沙漠東緣，荒涼、無比乾燥的利比亞沙漠的沙地上，發生了一件事。我們不清楚那是怎麼回事，但知道那件事發生時溫度很高。在想必至少達攝氏五百四十度的高溫下，矽粒熔合，形成二氧化矽化合物。這些化合物有數個奇怪的化學特性。一如水，它們於固態時形成晶體，受熱時熔為液體。但二氧化矽的熔點高於水甚多；溫度要達到攝氏兩百六十度以上，而非零度以上。二氧化矽真正奇特之處，乃是冷卻時發生的變化。液態水在溫度回落時會欣然重新形成冰結晶體。但二氧化矽出於某種原因無法自行回復井然有序的晶體結構，反倒形成一新物質。這新物質以既非固態也非液態的奇怪狀態存在，自文明開化之初就令人類大為著迷。那些經過超高溫加熱的沙粒冷卻到它們的熔點以下時，利比亞沙漠的大片地區隨之為後來人稱「玻璃」的東西所覆蓋。

約一萬年前，或者多個幾千年或少個幾千年，有個人走過那片沙漠，無意中發現一大塊那種玻璃的殘片。對於那塊殘片，我們別無所知，只知道它想必令幾乎每個接觸到它的人驚豔，因為它在初期文明的市場和社交網輾轉流傳，最後被雕成聖甲蟲狀，化為一只胸針的主構件。它不受打擾安坐在那裡四千年，最後在一九二二年考古學家探索某埃及統治者的墓穴時被挖掘出土。這一小塊二氧化矽完成一趟不可思議的旅程，從利比亞沙漠輾轉遷徙，最後落腳於圖坦卡門法老的墓室。

羅馬帝國盛期，玻璃工懂得製造出比天然形成的玻璃（例如圖坦卡門法老的聖甲蟲雕飾物）更為堅實、較不渾濁的玻璃，從而使玻璃不再只是飾物，而是先進技術產物。玻璃窗於這期間首度問世，為如今充斥全球各地城市天際線的耀眼玻璃帷幕大樓打下基礎。隨著人用半透明玻璃器皿喝葡萄酒，用玻璃瓶存放葡萄酒、喝葡萄酒一事開始具有視覺美感。但從某個方面來說，玻璃的早期歷史相對來講較無變化，即工匠弄清楚如何把二氧化矽熔為飲器或窗玻璃——飲器和窗玻璃正是今人一想到玻璃，直覺會聯想到的玻璃典型用途。直到下一個千年，另一個大帝國覆滅之時，玻璃才變成它今日的角色：各種人類文化最多用途、最具有社會改造作用的材料之一。

明淨玻璃×古騰堡印刷機：看見肉眼所看不見的東西

一二〇四年君士坦丁堡遭劫掠，乃是影響波及全球的歷史大地震之一。一個個王朝覆滅，一支支軍隊稱雄、撤退，世界地圖重畫。但君士坦丁堡陷落也引發一個看似較次要的事件。那一事件被埋沒在宗教、地緣政治支配勢力的大規模重組中，為當時大部分歷史學家所忽視。來自土耳其的一小批玻璃工往西航越地中海，定居於威尼斯，在這個從亞得里亞海岸濕地發展出來的繁榮新城市，開始操持他們的舊業。

那是君士坦丁堡陷落所引發的上千場遷徙之一，但事隔數百年往回看，那是影響最深遠的一場遷徙。當時威尼斯堪稱世上最重要的貿易中心，他們落腳於該城的運河和蜿蜒街道，他們的吹製玻璃技術迅即為該城商人打造了一項可行銷全球的新奢侈品。玻璃製造業雖有豐厚利潤，卻也帶來一項危害。二氧化矽的熔點高，需要燒溫將近攝氏五百四十度的火爐，而當時威尼斯是個幾乎完全以木結構建成的城市（古雅的威尼斯石造宅邸要在幾百年後才會問世）。玻璃工為威尼斯帶來新財源，但也帶來較不討人喜歡的一個習性——燒掉街坊。

一二九一年，為留住玻璃工的技能，同時保護公共安全，市政府再一次放逐玻璃工，但這一次放逐到不遠之處，即威尼斯瀉湖對面，相隔一英里的穆拉諾島。威尼斯總督在無意中打造了一個創新中心：把玻璃工集中在只有城市一個居住區那般大的島上，藉此促成創造力的勃發，打造出擁有經濟學家所謂之「資訊外溢」（information spillover）效應的環境。穆拉諾人口的稠密，使新構想一問世迅即傳遍島上所有居民。玻璃工在某種程度上彼此競爭，但他們所屬的宗族彼此關係深厚。在這群人裡，某些師傅的才華或技能優於他人，但整體來講，穆拉諾島的創造能力是集體才智的展現，由競爭壓力和分享所共同創造出來。

到了下個世紀初期，穆拉諾已被人稱作玻璃島，它生產的華麗瓶子和精美玻璃器皿在西歐全境成為身分地位的象徵（此時玻璃工繼續從事他們的老本行，其中許多人是從土耳其移來的那些家庭的直系後代）。那不是今人可直接複製的模式：想把富創造力的一批人帶到自己所轄城市的市長，大概不會考慮強行流放脫逃者和以死刑嚇阻脫逃者。但在當時，這作法奏效。經過幾年的摸索，以不同的化學成分試做，穆拉諾玻璃工安傑洛・巴羅維耶（Angelo Barovier）以富含氧化鉀和錳的海草為原料，燒成灰，然後將這些成分加入燒熔的玻璃。混合物冷卻時，它創造出一種特別明淨的玻璃。巴羅維耶以它類似於最明淨的石英晶體，將它稱作cristallo。現代玻璃於焉誕生。

巴羅維耶之輩的玻璃工製作透明玻璃的本事非常高超，但我們直到二十世紀才知道為何玻璃是透明的。大部分物質吸收光能。在亞原子層次，繞著構成物質的原子運行的電子，實際上「吞掉」進來的光子的能量，使電子的能量增加。但電子只能以分立步階（in discrete steps）的方式增加或損失能量，而步階的大小因物質而異。二氧化矽剛好有非常大的步階，於是，從單一光子取得的能量不足以把電子提升到較高的能階，反倒出現光線穿過該物質的情況。（大部分紫外線有夠多的能量被該物質吸收，因此，隔著玻璃窗曬太陽無法把皮膚曬黑，原因在此。）但光不單單穿過玻璃；它還能被折彎和扭曲，或甚至被分解為構成光的諸個波長。藉由以精確方式彎曲光，我們能用玻璃改變世界的外觀。事實表明這比單純的透明更具革命性。

在十二、十三世紀的隱修院，修士在以燭光照明的房間裡埋頭鑽研宗教手稿時，以曲面玻璃輔助閱讀。他們拿著實際上是厚重放大鏡的東西在頁面上移動，放大拉丁文。沒人確切知道這事在何時或何地發生，但在這時期前後的北義大利某地，玻璃工製造出一樣新東西，那東西將改變我們看世界的方式，或至少使我們看清楚世界：把玻璃形塑為中間凸起的小圓盤，把每個小圓盤都加框，把兩個框的頂端連接起來，世上最早的眼鏡隨之問世。

這些早期的眼鏡，人稱 roidi da ogli，意為「眼用圓盤」。因外形類似扁豆（拉丁語 lentes），圓盤後來被稱作 lenses（鏡片）。有好幾代時間，這些精巧的新裝置幾乎只有修院學者使用。「遠視」（hyperopia）其實很普遍，但大部分人未察覺到自己遠視，因為他們沒在看書。就一個靠著搖曳燭光吃力翻譯古羅馬哲學家盧克萊修（Lucretius）著作的修士來說，眼鏡無疑是亟需的東西。但一般人（其中大部分是文盲），在日常作息中，幾乎沒有看清楚文字之類細微之物的需要。人們遠視，只是沒機會去注意到自己遠視，於是眼鏡仍是稀有、昂貴的東西。

使這情況全然改觀者，當然是一四四〇年代古騰堡發明印刷機一事。印刷機問世，創造出馬歇爾・麥克魯漢（Marshal McLuhan）所謂的「古騰堡銀河」（Gutenberg galaxy），即詳述印刷機之影響的學術著作，多到可塞滿一間小圖書館。拜印刷機之賜，識字率大幅提升；顛覆性的科學理論、宗教理論，繞過官方的正統信仰管道傳播；小說、色情書刊之類的通俗娛樂品變得稀鬆平常。但古騰堡的重大突破，有另一個較少受到頌揚的影響：它使許多人首度察覺到自己遠視。而這一發現使眼鏡的需求陡增。

接下來所發生的，乃是近現代史上最特殊的蜂鳥效應事例之一。古騰堡使印刷書變得較便宜，較好攜帶，從而促成識字率提升，使很多人察覺到自己的視力缺陷，進而為眼鏡製造業打造出一個新市場。古騰堡印刷機問世不到百年，就出現歐洲各地數千名眼鏡製造者生意興隆的盛況，眼鏡成為自新石器時代發明衣服以來，第一件一般人會時常穿戴在身上的先進技術產品。

但共同演化的步伐未就此停住。一如有花植物的花蜜促成蜂鳥演化出新的飛行方式，爆增的眼鏡銷路所創造出的經濟誘因，催生出新一批專門技術。歐洲不只多的是鏡片，還多的是關於鏡片的觀念。拜印刷機之賜，歐陸突然出現許多善於透過微凸的玻璃片操縱光的人。這些人是第一場光學革命的駭客。他們的實驗將在視覺史上開闢全新的一章。

一五九〇年，在尼德蘭小鎮米德堡（Middleburg），製作眼鏡的父子檔漢斯・揚森（Hans Janssen）和薩哈里亞斯・揚森（Zacharias Janssen）嘗試將兩塊鏡片前後擺放，而非如眼鏡般左右擺在一塊，放大他們所觀察的東西，從而發明了顯微鏡。不到七十年，英國科學家羅伯特・虎克（Robert Hooke）就出版了劃時代插圖著作《顯微圖譜》（*Micrographia*），書中有漂亮的手繪圖，重現虎克透過顯微鏡看到的東西。虎克分析跳蚤、木頭、樹葉，乃至他自己結冰的尿。但他影響最大的發現，來自切下薄薄一截軟木，透過顯微鏡觀察。虎克寫道：「我能非常清楚看出它密布小孔，能透氣，和蜂巢非常像，但它的小孔輪廓不規則；不過，在這些細部上，它和蜂巢沒有兩樣……這些小孔，亦即巢室（cell），不是很深，但由許多小盒子構成。」因為這段文字，虎克給了生命的基本構件一個名字——cell（細胞），為科學、醫學革命揭開序幕。不久，顯微鏡就會揭露維繫人類生命又威脅人類生命且非肉眼所能見到的細菌、病毒群落，進而催生出現代的疫苗和抗體。

顯微鏡經過將近三代歲月才孕育出真正具改變作用的科學，但出於某種原因，單筒望遠鏡更快就催生了革命。顯微鏡問世二十年後，一群製造鏡片的荷蘭人，包括薩哈里亞斯·揚森，差不多同時發明單筒望遠鏡。傳說其中之一的漢斯·利佩斯海（Hans Lippershey），在看著他的小孩玩他的鏡片時浮現製作望遠鏡的構想。他頭一個申請專利，說他所發明的裝置「預見到遠處之物，猶如就在近旁。」不到一年，伽利略得悉有這麼一個神奇的新裝置，就修改利佩斯海的設計，以達到十倍於正常視力的放大率。一六一〇年一月，也就是利佩斯海申請專利兩年後，伽利略就用單筒望遠鏡觀察到有幾顆衛星繞木星軌道運行，從而對亞里斯多德所提出的所有天體繞地球運轉的觀念構成第一個真正的挑戰。

這是另一種自成一體且奇怪的古騰堡印刷機歷史。古騰堡的發明出於數個原因，老早就被認為和科學革命有密切關係。拜此發明之賜，伽利略之輩被稱作異端的人士所寫下的小冊子和論文，能在愛挑剔的教會勢力範圍外傳播理念，最終削弱了教會的權威；在這同時，古騰堡聖經問世後幾十年所發展出來的引用、參考體系，成為運用科學方法上不可或缺的工具。但古騰堡所創造出來的東西，以較不為人熟悉的另一種方式推進了科學：它擴大了鏡片設計的可能性，擴大了玻璃本身的用途。開天闢地以來頭一遭，二氧化矽的獨特物理特性，不只可用來讓我們看見我們已能用自己眼睛看見的東西，這時還讓我們看見肉眼所看不見的東西。

鏡片接著在十九、二十世紀的媒體扮演關鍵角色。它先是被攝影師用來集中光束於捕捉影像且投注於特別處理的紙上，然後被製片者用於首度記錄移動的影像和接下來用於投映移動的影像。一九四〇年代起，我們開始在玻璃上塗上磷光劑，把電子打向那玻璃，創造出催眠的電視影像。不出數年，社會學家和媒體理論家就嚴正表示，我們已變成「影像社會」，以文字呈現的古騰堡銀河讓位給電視螢幕的藍光和聲光炫麗的好萊塢影片。那些轉變出自多種創新和物質，但都有賴於玻璃獨一無二的一項能力，即傳送光、操縱光的能力。

老實說，談到近代鏡片和其對媒體的衝擊，並無特別令人吃驚之處。憑著直覺，你就能從第一批眼鏡的鏡片談到顯微鏡的鏡片，再談到相機的鏡片。但事實表明玻璃有另一個奇怪的物理特性，一個連穆拉諾島吹製玻璃師傅都未能開發利用的特性。

玻璃纖維×光信號0與1：全球網際網路的醞釀

就教授課程來說，物理學家查爾斯·佛農·博伊茲（Charles Vernon Boys）似乎表現得很差。曾在倫敦皇家科學學院（Royal College of Science）短暫受教於博伊茲的威爾斯（H. G. Wells），後來說他是「最差勁的老師之一，把不受教的學生拋棄不管……漫不經心寫黑板，匆匆講完一個小時，飛速奔回他私人房間的儀器裝置旁。」

但博伊茲在教學能力上所欠缺的，他用他在實驗物理學上的天賦予以補回。他設計、建造科學儀器。一八八七年，作為他物理學實驗的一部分，博伊茲想造出一塊非常純淨的玻璃，以測量微力加諸物體的效應。他想到可用一細細的玻璃纖維作為天平臂，但首先他得造出玻璃纖維。

蜂鳥效應有時發生於某領域的創新，揭露其他某種技術的缺陷（就印刷術的問世來說，揭露我們自己的生理毛病），且那一缺陷靠另一種學科才能予以修正之時。但有時，蜂鳥效應的出現，拜另一種突破之賜：我們測量能力的大幅提升和我們所造之測量工具的改良。新測量方式的問世，幾乎總是催生出新製造方式。博伊茲的天平臂就是如此。但博伊茲能在人類創新史上揚名立萬，靠的是他為了造出這一新測量儀器所用的那個打破陳規的工具。為了造出那根細玻璃纖維，博伊茲在其實驗室裡造了一具特殊的弩，並為那具弩造了輕量弩箭。他用封蠟將一根玻璃棒的末尾固著在一弩箭上，然後加熱玻璃直到其熔化，接著射出弩箭。弩箭向靶急速奔去，從固著在弩上的熔玻璃拉出一條纖維。博伊茲某次照此方法造出的玻璃絲，長將近二十七公尺。

「如果有個好心的仙人承諾我要什麼就給我什麼，我會要求給一樣像這些纖維具有那麼多有用特性的東西。」博伊茲後來寫道。但最令人震驚之處，乃是這纖維的強度：即使沒有比同樣尺寸的鋼絲耐用，至少一樣耐用。數千年來，人類因玻璃的美麗和透明而使用玻璃，容忍其令人遺憾的脆弱。但博伊茲的弩實驗間接證明，這一驚人多用途物質的史話，又出現一令人意想不到的轉折：因玻璃的強度而使用玻璃。

到了下個世紀中葉，玻璃纖維已被以交纏方式製成名叫「玻璃纖維強化塑膠」的神奇新材料，並到處可見，可見於家中絕緣物、衣物、衝浪板、超級遊艇、頭盔、把現代電腦的晶片串連在一塊的電路板上。空中巴士旗艦客機A380（最大的商用飛機）的機身，以鋁和玻璃纖維強化塑膠組成的複合材料建成，使其抗疲勞、抗損傷的能力大幅高於傳統鋁材機殼。諷刺的是，這些應用大部分忽視了二氧化矽傳送光波的奇特能力：用玻璃纖維強化塑膠製成的東西，大部分未顧及外行人的看法，未完全用玻璃製成。玻璃纖維得到創新運用的頭幾十年，強調不透明性有其道理。讓光通過窗玻璃或鏡片有其用處，但為何需要讓光通過一根比人髮還粗不了多少的纖維？

直到我們開始把光視為把數位資訊編碼的方法，玻璃纖維的透明性才被視為有用的東西。一九七〇年，康寧玻璃廠（當今的穆拉諾島）研發出一種非常明淨的玻璃，明淨到如果你製出一塊和巴士等長的這種玻璃，它會和隔著一般窗玻璃看去一樣透明（如今經過進一步改良，這種玻璃能長達八百公尺仍保有同樣的明淨）。然後，貝爾實驗室的科學家拿這種用超明淨玻璃製成的纖維，把雷射光打進整根纖維裡，使相應於二進位碼之0碼與1碼的光信號波動。兩個看似不相干的新發明物——集中、井然有序的雷射光和超明淨玻璃纖維——在此結合，產生後來稱作光纖的東西。用光纖纜線來傳送信號，比用銅纜傳送電子信號有效率得多，尤以長距離傳送為然：比起電能，光允許較寬許多的頻寬，遠較不易受到噪音、干擾影響。如今，全球網際網路的骨幹是用光纜建成。約十條自成一體的纜線橫越大西洋，肩負兩塊大陸間的幾乎所有聲音和資料的往來。其中每條纜線都含有一束光纖，光纖束為鋼層和絕緣層所包覆，以防水，使不受拖網漁船、錨，乃至鯊魚損害。每條光纖都比一根草稈還要細。叫人不可思議的，一個手掌就能把北美、歐洲間往來的所有聲音、資料全部掌握。上千項創新之功，使此一不可思議之事成真：我們得以發明數位資料這個概念，發明雷射光束，發明能在兩端傳送、接收那些資訊束的電腦，更別提要發明負責擺放、修復光纜的船。但那些纏在一塊的二氧化矽依舊是這整件事的核心。全球資訊網由諸多玻璃絲交織而成。

想想二十一世紀初期那個招牌動作：度假時站在某個充滿異國風味的地點，拿起手機拍下自拍照，然後把照片上傳到Instagram或推特，傳到全球各地的他人手機或電腦裡。由於一些創新，這一動作，對今日的我們來說，已幾乎是第二天性。而我們習於歌頌那些創新：將數位計算器迷你化為手持裝置、網際網路和全球資訊網的問世、社交網絡軟體的界面。我們鮮少做的，乃是認知到玻璃對這整個網絡的支持功勞：我們隔著玻璃鏡片拍照，在用玻璃纖維強化塑膠製成的電路板上儲存照片和處理照片，透過玻璃纜線把照片傳送到世界各地，在用玻璃製成的螢幕上欣賞照片。這一路下來都有二氧化矽的身影。

鏡子╳自畫像：藝術人文的內省與自覺

不時有人嘲笑我們愛自拍的習性，但在這一自我表現行為背後有一悠久且常被人撰文探討的傳統。來自文藝復興時期和近代的最崇高藝術作品，有一些是自畫像；從杜勒到達文西，到林布蘭，一直到包紮著一耳的梵谷，畫家始終執著於在畫布上呈現翔實、多樣的自我形象。例如，林布蘭一生畫了四十幅左右的自畫像。但說到自畫像，有意思的一點是，在西元一四〇〇年前的歐洲，它實際上並非公認的一種藝術表現手法。那時人畫風景、王室成員、宗教情景和其他千種題材，但不畫自己。

自畫像突然蔚為風潮，乃是我們在操縱玻璃的能力上另一個技術突破所直接導致。過去在穆拉諾島上，玻璃工就已懂得如何將他們如晶體般明淨的玻璃與冶金術的一項創新相結合，在玻璃背面塗上一層錫與汞的混合物，以創造出明亮、高反射性的表面。鏡子自此首度成為日常生活不可或缺的一部分。鏡子使人纖毫畢露於眼前：鏡子問世之前，一般人一輩子都未真正真切地看過自己的顏面，只在水池或磨光的金屬上看到片斷的、扭曲的影像。

鏡子予人無比神奇之感，因而不久就成為古怪神聖儀式不可或缺的一環。有錢的朝聖者於朝聖期間常隨身帶著一面鏡子，參觀聖骨時，他們會拿出鏡子，調整角度，使聖骨映現於鏡面中。回家後他們會把鏡子拿出來向親友炫耀，得意說他們已捕捉到神聖場景的鏡像，帶回聖骨的實體證據。在研製印刷機之前，古騰堡最初的構想是製作小鏡子，賣給啟程朝聖者。

但鏡子最大的影響，在無關宗教的領域。建築師菲利頗・布魯內列斯基（Filippo Brunelleschi）用一面鏡子發明了繪畫裡的線性透視，其作法是畫下佛羅倫斯洗禮堂在鏡中的影像，而非他所直接見到的洗禮堂。文藝復興晚期的藝術作品，常可見到鏡子暗藏於畫中，最著名者是狄耶哥．委拉斯蓋茲（Diego Velázquez）的左右顛倒傑作《侍女》（*Las Meninas*）。該畫描繪正在畫西班牙國王菲利普四世和王后瑪麗亞娜兩人肖像的畫家本人（和王族）。整個畫面呈現的是坐著供人畫肖像的兩名王族成員所看到的景象，它簡直就是一幅以畫畫為題的繪畫。國王和王后只在畫面小塊區域裡現身，就在委拉斯蓋茲本人右邊：兩個倒映在鏡子裡的模糊小人像。

鏡子成為畫家非常有用的工具，此時畫家能更加逼真地呈現周遭的世界，包括自己面容的五官細部。達文西在其筆記本裡寫下心得（寫下他著名的倒寫手稿時，當然是借助了鏡子）：

> 想弄清楚你畫作的整體效果與你所畫之物的實際模樣是否相符時，拿一面鏡子來，擺好角度，使其映照出實際存在之物，然後拿鏡中影像與你所畫相比較，仔細思考兩者的主體是否彼此一致，尤其要用心研究鏡子裡的影像。應把鏡子當成指南。

歷史學家亞倫・麥克法蘭（Alan MacFarlane）寫到玻璃在左右藝術視野上所扮演的角色：「好似所有人都有某種系統性的近視，那種近視使人無法精確且清楚地看到自然世界，尤其是無法精確且清楚地將之呈現。人一般從象徵角度看自然，把自然看成一組符號……玻璃其出人意料之處，在於拿走或彌補了人之視力的暗玻璃和人心的扭曲，讓更多光進來。」

就在玻璃鏡片使我們得以把視野擴及到星辰或極微小細胞之時，玻璃鏡也使我們得以首度看到自己。它啟動了社會的重新定向，而比起單筒望遠鏡所促成的人類在宇宙位置的重新定向，社會的重新定向較難察覺，但其造成重大改變的能力一樣強。「世上最強大的君王創建了一座大鏡廳，在資產階級家裡，鏡子從一個房間擴展到另一個房間，」路易斯・孟福（Lewis Mumford）在其《技術與文明》（*Technics and Civilization*）中寫道：「自覺、內省、鏡子—交談（mirror-conversation），跟著這個新物件本身一起發展。」社會準則，以及產權和其他法律習慣，開始以個人為中心展開運作，而非以較古老、較集體的單位（家庭、部族、城市、王國）為中心。人開始以更為細察的眼光寫自己的精神生活。哈姆雷特在舞台上反覆思考；小說成為公認主要的說故事方式，以無與倫比的深度，探索小說角色的內在精神生活。進入小說，特別是以第一人稱鋪陳的小說，可說是一種引人注目的概念手法：它讓讀者以比已問世的任何審美形式都更有效的方式，遍歷他人的意識、思想、情感。從某個意義上說，心理小說是那種一旦你開始把人生時光花在鄭重凝視鏡中自己，就開始想聽的故事。

這一轉變的產生，玻璃有多大的功勞？兩件事不容否認：在讓藝術家得以畫出自己和發明透視法這一形式手法上，鏡子發揮了直接作用；那之後不久，歐洲人的意識出現一根本性的改變，從此以自我為中心定位自己，且這一改變的影響將波及全世界（至今仍餘波蕩漾）。毋庸置疑地，許多力量的和合，使這一改變得以可能出現：以自我為中心的世界，與在威尼斯、荷蘭（自省畫風大師杜勒和林布蘭的主要活動地）之類地方正盛行的早期近代資本主義形態，互動得非常順利。這多種力量很可能相輔相成：玻璃鏡是最早的家中高技術陳設之一，而一旦我們開始凝視玻璃鏡裡的自己，就開始以不同的方式看自己，此舉助長市場系統，然後市場系統會欣然賣給我們更多鏡子。貼切地說，鏡子未造就文藝復興，而是鏡子與其他社會力量一起捲入一正向反饋迴路，鏡子不凡的反射光線能力強化了那些力量。機器人歷史學家的視角讓我們得以看出，技術並非文藝復興之類文化轉變的唯一原因，但從許多方面來看，它對這則故事的重要，一如我們所一向歌頌的富遠見之人對此故事的重要。

麥克法蘭巧妙描述了這種因果關係。鏡子未「逼」文藝復興發生，而是使它「有機會」發生。授粉植物精心制訂的繁殖策略未「逼」蜂鳥演化出特別的飛行方式，而是創造出某種環境，使蜂鳥「有機會」演化出這一獨特特性，藉以善加利用花的免費蜜糖。蜂鳥在鳥界如此獨一無二，此事間接表示花若未演化出它們與昆蟲的共生關係，蜂鳥絕不會演化出懸停本事。一個有花但沒有蜂鳥的世界，並不難想像：但一個沒有花但有蜂鳥的世界，就較難想像得多。

這道理同樣適用於鏡子之類的技術進步。沒有使人得以清楚看見現實映像（包括人自己的臉）的技術，我們稱之為文藝復興的那些藝術、哲學、政治的種種觀念，其誕生會困難得多。（日本文化於約略同一時期極看重鋼鏡，但從未把它們像歐洲人那樣用於內省，原因之一可能是鋼鏡反射的光比玻璃鏡反射的光少了許多，為鏡中影像增添了不自然的韻味。）但歐洲人在省視自我的革命性發展，並非鏡子所獨力促成。若有另一個文化，在另一個歷史發展時期發明了上好的玻璃鏡，卻未必會經歷同樣的知識革命，因為它的其他社會體制不同於十五世紀義大利山城的社會體制。文藝復興也受益於贊助制度。該制度使該時期的藝術家、科學家得以把時間花在玩鏡子，而非花在採集堅果、漿果之類事情。沒有梅迪奇家族的文藝復興（當然不是指這個家族本身，而是指該家族所代表的經濟階層），就和沒有鏡子的文藝復興一樣令人難以想像。

在此應附帶提到的，並非每個人都認為注重自我的社會有益無害。以個人為中心制訂法律，直接導致注重人權的傳統以及法典對個人自由的看重。那不得不說是種進步。但我們如今是否往個人主義的方向走得太遠，偏離了工會、共同體、國家這些集體組織？有不少人在這問題上意見分歧。要解決這些分歧，需要一套論據（和價值觀），而那套論據與我們解釋分歧之由來時所需的論據不同。鏡子以真確但無法量化的方式協助發明了現代本身——這點我們應該不會有異議。那最終是否是件好事，則是另一個問題，一個可能永遠得不到確切答案的問題。

夏威夷火山×長鏡頭：數十億光年外的銀河系

夏威夷大島的冒納凱亞休火山，海拔約四千兩百公尺，但此山在水面下還有將近六千公尺高的山體，若以底部到峰頂的高度來看，它比聖母峰還要高大許多。它是世上少數能讓人在幾小時內從海平面開車上到四千兩百公尺高處的地方之一。峰頂景觀荒涼，遍地岩石，簡直如火星，沒有生氣。一道逆溫層使雲層大致始終位在峰頂下方數百公尺處；空氣稀薄且乾燥。站在峰頂，就站在距地球各大洲都最遠的陸地上，而那意謂著夏威夷周邊的大氣，未受到太陽能觸及大陸塊後反彈或被大陸塊吸收所帶來的擾動，從而幾乎是地球上大氣最穩定的地方。這些特性使冒納凱亞峰頂成為地球上最超脫塵世的地方，也使它成為絕佳的觀星地點。

如今，冒納凱亞峰頂坐落著十三座天文台，一座座巨大的白圓頂散落在紅色岩塊上，像位在遙遠行星上的發亮前哨基地。其中，凱克天文台（W. M. Keck Observatory）的兩架一模一樣的望遠鏡，是地球上功能最強的光學望遠鏡。凱克望遠鏡會讓人覺得是漢斯·利佩斯海所發明望遠鏡的直系後代，只是它們未靠鏡頭來完成奇蹟。若要用鏡片捕捉到來自宇宙遙遠角落的光，將需要如小貨卡那般大的鏡片；而那麼大塊的玻璃，不容易支撐得住且會使影像產生不可避免的扭曲。於是，設計凱克天文台的科學家和工程師用另一種技術來捕捉極微弱的光：鏡子。

每座凱克望遠鏡都有三十六面六邊形鏡子，這些鏡子共同構成一寬達六公尺的反射面。光線被往上反射到第二面鏡子，然後往下反射到一組儀器，影像在這組儀器中處理後，呈現在電腦螢幕上（在凱克天文台沒有有利地點可讓人像伽利略和之後無數天文學家那樣透過望遠鏡直接觀察星象）。但即使在冒納凱亞上方稀薄、超穩定的大氣裡，一丁點擾動都能使凱克望遠鏡所捕捉到的影像模糊。於是，天文台運用極具新意的「適應性光學」（adaptive optics）辦法來校正望遠鏡的視力。天文台將雷射光打入凱克上方的夜空，形同在天上創造出一顆人造星。那一假星成為某種參照依據；科學家清楚知道若沒有大氣扭曲，雷射光在天上應呈現的樣貌，因此他們能比較「理想的」雷射影像和望遠鏡所實際呈現的影像，藉此測出現有的扭曲程度。以這樣的大氣雜波分布圖為指南，電腦令望遠鏡的鏡子根據那個夜裡冒納凱亞火山上方天空的扭曲情況微微屈曲。這一結果和要近視者戴上眼鏡的結果幾乎一樣：遠物一下子變得清楚許多。

當然，就凱克望遠鏡來說，遠物是距地球數十億光年的銀河系和超新星。透過凱克的鏡子望出去時，我們在望向遙遠的過去。玻璃再一次擴大了我們的視野：不只往下擴及到肉眼看不到的細胞、微生物世界，或把全球連成一氣的照相手機世界，還回頭擴及到宇宙初始的時期。玻璃問世之初，只是小裝飾物和空器皿。數千年後，它高踞在冒納凱亞火山雲層之上，成為時間機器。

玻璃的故事提醒我們，自身所處環境的物理特性既局限我們的創新能力，又賦予我們創新的憑藉。談到打造出現代世界的那些實體時，我們通常談起科學界、政治界富遠見的大人物，或劃時代的發明，或大規模的集體運動。但我們的歷史也有一物質成分，不是馬克思主義所行的辯證唯物主義，那一唯物主義的「物質」帶來階級鬥爭和對經濟性解釋的獨尊。從歷史的角度看，物質史由基本的物質建構材料塑造而成，而那些建構材料與社會運動或經濟制度之類東西息息相關。假設你能重寫「大霹靂」理論（或扮演上帝，端賴你的隱喻而定），創造一個與我們所處宇宙一模一樣的宇宙，只在一小地方予以改變：矽原子上那些電子有著大不相同的行為。在這另一個宇宙中，電子像大部分物質吸收光，而非讓光子穿過它們。這一小小的調整，很可能要到幾千年前才開始讓智人的整個演化過程有所改變。但令人吃驚地，一旦開始改變，一切都改觀。人開始以無數方式利用那些矽電子的量子行為。從某個基本層次來說，上一個千年若沒有透明玻璃，無法想像那會是什麼樣的景象。如今我們能操縱碳（呈現為二十世紀最具特色的化合物：塑膠），將它化為能發揮玻璃之功用的耐用透明物質，但那一專門技術問世至今不到百年。稍稍改變那些矽電子，過去千年就會沒有窗子、眼鏡、鏡片、試管、燈泡。（利用其他反射性材料，或許還是發明出高品質鏡子，但那大概要多花數百年。）沒有玻璃的世界，使大教堂沒了彩色玻璃窗，使現代市景看不到光鮮亮麗的反射面，從而使文明的雄偉建築改頭換面。但沒有玻璃的世界，其影響不止於此，還會傷害現代進步的基礎：拜了解細胞、病毒、細菌之賜而延長的壽命；人之所以異於其他動物的基因認識；天文學家對人在宇宙之地位的認識。對那些概念性突破來說，最重要的地球物質就是玻璃。

笛卡兒寫了封信給友人，談他一直抽不出時間動筆寫的自然史，信中他說他想講玻璃的沿革：「這些灰如何單單靠強烈的（加熱）動作形成玻璃；因為，在我看來，從灰變成玻璃一事，就和其他任何自然現象一樣神奇，我特別喜歡描述此事。」笛卡兒距最初的玻璃革命夠近，因而看得出玻璃的重要。如今，我們離這東西最初的影響太遠，因而看不出它從古至今對日常生活有多重要。

長鏡頭探究方式使我們有機會看到，若把焦點擺在大家熟悉的歷史故事敘述上我們將會錯過的東西，而玻璃的故事正是可讓這一探究方式大展所長的其中一則。在討論歷史變遷時搬出有形的物質，當然並非聞所未聞之舉。我們大部分人認同，自工業革命以來碳在人類活動裡扮演了不可或缺的角色。從某個方面來說，以下說法也不算聞所未聞：碳是自原生湯（primordial soup）以來，活有機體所做過的幾乎每件事所不可或缺的東西。但直到一千年前，玻璃工開始隨意操弄玻璃的奇怪特性，二氧化矽才對人類大有用處。如今，如果你環顧自己住的房間，在伸手可及的範圍內，可能會有一百樣東西靠二氧化矽才得以存在，還有更多東西倚賴矽這個元素本身：窗子或天窗的玻璃、照相手機的鏡片、電腦螢幕、所有帶有微晶片或數位鐘的東西。如果替一萬年前日常生活的化學組成選定卡司，頭牌演員會和今日沒有兩樣：

我們是碳、氫、氧的重度使用者。但矽連登上片尾攝製人員名單都別想。矽在地球上非常豐富（地殼九成多由此元素構成），它在地球生物的自然代謝裡卻幾乎稱不上什麼角色。人體倚賴碳，我們的許多技術（化石燃料和塑膠）也倚賴碳。但需要矽是近現代的事。

疑問在於：為何經過這麼久才發生？為何這一物質的不尋常特性遭自然冷落，為何那些特性在約一千年前起突然變成人類社會所不可或缺？要解開這些疑問，當然只能訴諸揣測。但有個答案肯定與另一項技術有關：火爐。二氧化矽這麼長時間未受到重視，原因之一出在這一物質的大部分有趣之處，直到人能燒出超過攝氏五百四十度的高溫後才出現。液態水和碳在地球的氣溫下就能做出極富新意的事，但在把二氧化矽熔化之前，很難看出二氧化矽的潛力，而地球根本沒有那樣的高溫，至少在地球表面是如此。這是火爐所開啟的蜂鳥效應：我們懂得如何在人為控制的環境裡製造出極高溫，藉此釋放二氧化矽的分子潛能，從而在不久後改變我們看世界和看自己的方式。

玻璃從一開始，在我們聰明到能察覺之前許久，就試圖擴大我們對宇宙的想像。來自利比亞沙漠而最終落腳圖坦卡門墓的那些玻璃碎塊，曾令考古學家、地質學家、天體物理學家懵懂不解了數十年。那些二氧化矽的半液態分子間接表示，它們是在隕石直接撞擊所造成的高溫下才形成，但那附近卻完全沒有撞擊坑的痕跡。那麼那些不尋常的高溫從何產生？閃電能以足以形成玻璃的高溫打中一小塊區域的矽石，但無法一舉擊中廣達數畝的沙地。於是科學家開始探究以下看法：利比亞的玻璃產生自一枚撞上地球大氣層、然後在沙漠上空爆炸的彗星。二〇一三年，南非地球化學家揚．克拉默斯（Jan Kramers）分析了來自該地的神祕卵石，斷定它來自某彗星的核心，它是在地球上發現的第一件這類東西。科學家和太空機構已花了數十億美元尋找彗星的粒子，因為它們讓人得以深入了解太陽系的形成。來自利比亞沙漠的卵石，如今讓他們有機會直接研究彗星的地質化學組成。而玻璃始終在指引明路。

第二章

製冷

數千年來，人工製冷始終是人類文明所幾乎不敢想像的事。我們發明了農業、城市、高架渠、印刷機，但製冷始終如同天方夜譚。不過，十九世紀中葉時，人工製冷變得不再遙不可及。

一八三四年初夏，三桅帆船「馬達加斯加」號駛入里約熱內盧港，船殼裡裝了最令人意想不到的貨物：新英格蘭地區結冰的湖水。「馬達加斯加」號和其船員為波士頓商人佛雷德里克．杜鐸（Frederic Tudor）工作。此人有事業心，個性頑固，後人稱他為「冰王」，但他成年時期的初期，儘管有頑強的鬥志，大部分時候卻是個十足的魯蛇。

「冰是有趣的凝視對象。」梭羅在《湖濱散記》裡凝望著麻塞諸塞池塘裡整片封凍的「美麗藍色」池水時寫道。杜鐸自小在凝望同樣的景致中長大。當他是年輕多金的波士頓人時，家族喜歡鄉間莊園洛克伍德（Rockwood）的結冰池水已有很長時間——不只因為結冰池子的美，還因為那冰能讓東西長久保冷。一如北部地區的許多有錢人家，杜鐸家取了數大塊池冰放在冰屋中。那些冰塊，每個重兩百磅，在炎夏來臨之前都不會融化。然後，需要冰來替飲料添加風味、製作冰淇淋、在熱浪來臨時泡個涼水澡，只要從大冰塊切下一小塊就行。

不靠人工冷藏設施，冰塊能數月不化，現代人聽了這事會覺得不可思議。由於今日世界的許多低溫冷藏技術，我們對冰塊無限期保存一事習以為常。但野外的冰是另一回事——除開難得一見的冰川，我們認為在炎炎夏日，一大塊冰撐不過一個小時，更別提數個月。

但杜鐸從親身經驗知道，如果把一大塊冰保存在陽光照射不到之處，能使它在進入盛夏許久之後才化掉，或者在新英格蘭地區，至少撐到晚春結束才融化。而那一知識在他腦子裡植下一構想的種籽。那一構想最終會讓他失去理智、財產、自由，最後使他成為大富翁。

北方的冰×南方的熱：冷，也是一項資產

十七歲時，杜鐸的父親要他陪他哥哥約翰搭船去加勒比海地區。約翰膝蓋有毛病，不良於行，他父親認為溫暖的氣候會改善約翰的健康，結果適得其反：杜鐸家兩兄弟抵達哈瓦納不久，就被悶熱潮濕的天氣弄得苦不堪言。他們不久就坐船北返大陸，在薩瓦納和查爾斯敦停留，但初夏的熱氣如影隨

形，約翰病倒，很可能是得了結核病。六個月後，他去世，得年二十。

杜鐸家兩兄弟赴加勒比海地區療養之行無功而返。但一身十九世紀紳士的盛裝，在無所遁逃的熱帶濕熱裡吃的苦，令年輕的佛雷德里克．杜鐸生出一大悖常情的想法（有人會說是愚蠢的想法）：如果能想辦法將冰從封凍的北方運到西印度群島，應會大發利市。全球貿易史已清楚告訴世人，把在某環境裡無所不在的大宗商品運到缺少該物的地方，能讓人發大財。對年輕的杜鐸來說，冰似乎就是這樣的東西：冰在波士頓幾乎一文不值，但在哈瓦納會是稀世珍寶。

從事冰買賣只是出於直覺的想法，但出於某個原因，在他哥哥死後那段悲痛期，在身為波士頓上流社會有錢年輕人且漫無目標度過的那些年，他一直念念不忘此事。在這期間，在他哥哥去世兩年後，他曾把他不可思議的構想告訴另一個哥哥威廉和他日後的妹夫，更有錢的羅伯特．賈德納（Robert Gardiner）。他妹妹結婚幾個月後，杜鐸開始寫日記，並畫了洛克伍德建築的素描作為卷首插圖。很久以前他家就以那棟建築作為避暑住所。他把那日記稱作「冰屋日記」。日記頭一條寫道：「將冰運到熱帶氣候區的計畫及其他等等。一八〇五年八月一日波士頓，威廉和我在這一天決定湊集我們名下的財產，在下一個冬天投入將冰運到西印度群島的事業。」

這則日記具有杜鐸一貫的精神：生氣勃勃、自信、強烈到幾乎讓人發噱的企圖心（他的哥哥威廉似乎比較沒那麼看好這個計畫）。杜鐸對這計畫的信心，來自冰一旦運到熱帶地區所會具有的價值，他在下一則日記寫道：「在一年某些季節裡天氣會熱到讓人幾乎無法忍受的國度，在水這項日常生活必需品有時全都處於溫熱狀態的地方，冰肯定被視為比大部分奢侈品還更稀罕的東西。」冰買賣肯定會讓杜鐸家兩兄弟擁有「多到讓我們不知怎麼花的錢」。對於運冰的困難之處，他似乎較未顧及。在那個時期所寫的信中，杜鐸轉述了有人把冰淇淋用船從英格蘭運到千里達而完好無損的三手故事（八九不離十是杜撰的故事），作為他的計畫會成功的初步證據。如今讀「冰屋日記」，讓人感受到他是個相信此事必成，且不接受任何懷疑與反對論點的年輕人。

不管在別人眼中佛雷德里克多麼異想天開，他有一項優勢：他有錢將他粗疏的計畫付諸行動。他有足夠租下一艘船的錢，還有每年冬天大自然源源不絕供應的冰。於是，一八〇五年十一月，杜鐸派他的哥哥和侄子到馬提尼克島先行作業，要他們為幾個月後運送到岸的冰談定獨家經營權。等候他的代表回音期間，杜鐸用四千七百五十美元買下一艘名叫「最愛」（Favorite）的雙桅橫帆船，開始採集冰塊以便裝船運送。二月，杜鐸從波士頓啟程，「最愛」號滿載了洛克伍德的冰，駛往西印度群島。杜鐸的構想很大膽，引來報刊的注意，但報導口吻顯然並不看好。「不是開玩笑，」《波士頓報》報導：「一艘載了八十噸冰的船已從此港啟航前往馬提尼克島。我們希望這不是一場騙人的投機活動。」

事實表明《波士頓報》的揶揄有其充分的根據，但此事失敗卻是出於出乎意料的原因。經過幾次因天氣導致的延擱，冰塊抵達目的地，且融化並不嚴重。結果問題出在杜鐸所從未料到的一個難題。馬提尼克島的居民對他運來的大量冰塊不感興趣，他們根本不知道冰要幹什麼用。

如今，我們一天裡接觸多種溫度，覺得沒什麼特別。我們喜歡早上喝熱咖啡，忙完一天後吃冰淇淋當餐後甜點。住在夏季炎熱之地的人，心知會在冷氣辦公室和濕熱外頭之間來回穿梭；在冬季占上風的地方，我們裹著厚重衣物，衝進冰冷的外頭，回到家打開恒溫器。但一八〇〇年住在赤道地區的人，絕大部分無緣感受到寒冷。對馬提尼克島的居民來說，結冰的水大概會和 iPhone 一樣不可思議。

冰的神祕且近乎神奇的特性，最後會出現在二十世紀極出色的文學作品開頭裡，出現在馬奎斯的《百年孤寂》一書：「多年以後，奧雷利亞諾．布恩迪亞上校面對行刑隊，會想起他父親帶他去找冰的那個好久以前的午後。」布恩迪亞想起他童年時流浪吉普賽人所舉辦的一連串商品展售會，每次都陳列出某種特別的新技術。吉普賽人陳列了磁塊、單筒望遠鏡、顯微鏡；但這些技術成就再怎麼令虛構的南美馬孔多鎮的居民印象深刻，都不如單單一大塊冰令他們驚嘆。

但有時東西的新奇會使人難以察覺到它本身的用處。杜鐸就在這點犯下他的第一個錯誤。他以為冰的無比新奇會有利於他開拓事業。他認為冰塊會「勝過」其他所有奢侈品，結果只迎來茫然的凝視。

當地人對冰的神奇力量無動於衷，杜鐸的哥哥威廉因此找不到獨家買主將船貨全部吃下。更糟的是，威廉未能找到儲冰的合適地點。杜鐸千里迢迢把冰運到馬提尼克島，卻發現這項產品乏人問津，而且在熱帶高溫下還以驚人速度融化。他在城裡各處張貼小廣告單，在廣告單裡清楚說明如何搬運、保存冰，但上門者寥寥無幾。他想辦法做出冰淇淋，讓一些認定在如此接近赤道的地方肯定做不出這美食的當地人大為佩服。但這次遠行最終一敗塗地。他在日記裡估計，這場失敗的熱帶冒險讓他損失了將近四千美元。

接下來幾年，杜鐸不死心，繼續運冰到馬提尼克島，結局更為悲慘。杜鐸陸續派了數艘運冰船到加勒比海地區，當地對冰的需求卻只有小幅成長。在這同時，他家家道中落，退居洛克伍德農場，而一如新英格蘭地區大部分土地，那農場的農業前景非常黯淡。採集冰是他家最後可以寄望的事業。但這樣的寄望遭到大部分波士頓人公開嘲笑，一連串船難和禁運使那嘲笑似乎愈來愈真切。一八一三年，杜鐸被關入負債人監獄。他在幾天後於日記裡寫道：

九日星期一，我被捕……以欠債人身分關在波士頓監獄……這是我渺小人生裡難忘的一天，這一天我二十八歲六個月又五天。我想那是我躲不掉的；但那也是我在與不利情勢艱苦搏鬥七年而情況終於開始好轉之際，我真的不想遭遇的結局。不過事情已經發生，我努力面對，一如碰上暴風雨時，努力面對只會增強而非減弱真漢子的鬥志。

杜鐸的新事業受制於兩大障礙。他的市場打不開，因為他的潛在顧客大部分不知道他的產品有何用處。而且他有儲存方面的麻煩：高溫使他損失太多產品，特別是在把冰運到熱帶地區後。但他在新英格蘭的基地，除了冰，還給了他一項重大優勢。與遍布大面積甘蔗園和棉花田的美國南部不同的，東北部諸州大部分欠缺可賣到他地的自然資源。這意謂著船隻往往空船離開波士頓，前往西印度群島裝滿值錢貨物，然後返回東部沿海地區的富裕市場。花錢雇一組船員開著空船出去，形同燒錢。只要有載貨，總是聊勝於無，於是杜鐸能談成較便宜的運費，把他的冰裝上原本是空船出海的船，從而不必自己買船、保養船。

冰受青睞的原因之一，當然是它基本上沒有購置成本，杜鐸只需花錢請工人從結冰的湖裡鑿下冰塊即可。新英格蘭地區的經濟還出產一種同樣不值錢的產品：鋸屑（木材廠主要的廢料）。經過數年試驗不同的解決方案，杜鐸發現鋸屑是讓冰不致融化的絕佳絕緣物。冰塊層層堆疊，冰與冰之間鋪上鋸屑，會使冰晚將近一倍時間才化掉。杜鐸展現了盡可能壓低成本的過人之處：他找來三樣在市場上基本上零價格的東西（冰、鋸屑、空船），用它們打造出一門興旺的事業。

杜鐸第一趟馬提尼克之行血本無歸，令他看清楚在熱帶地區他需要可受他掌控的在地儲存設施：把很快會融化的冰存放在未經特別設計而無法把夏日高溫拒於門外的建築裡太危險。他嘗試過多種冰屋設計，最後選定雙外牆結構。這種結構的房子利用兩面石牆間的空氣維持室內低溫。

杜鐸不懂冰的分子化學組成，但鋸屑和雙外牆建築的保冰功能都建立在同一個原理上。冰要融化，得從其周遭環境吸收熱氣，以打破讓冰擁有晶體結構的氫原子四面體鍵。（從周遭空氣吸熱一事，使冰具有讓環境降溫、使人覺得涼爽的神奇本事。）熱交換只能發生在一處，即冰的表面，大塊冰為何久久才融化，原因在此（內部的氫原子鍵完全未接觸到外面的溫度）。如果用導熱很有效率的物質（例如金屬）將冰與外部熱氣隔絕，氫原子鍵會很快就分解成水。但如果在外部熱氣和冰之間塞入某種導熱很差的緩衝物，冰保住其結晶狀態會持續得更久。就導熱來說，空氣的導熱效率是金屬的約兩千分之一，玻璃的二十幾分之一。在杜鐸的冰屋裡，雙外層結構創造出由空氣構成的緩衝，使夏季熱氣傷不到冰；他在船上用鋸屑包裝冰，刨花與刨花間出現無數氣穴，使冰與外部空氣絕緣。現代的絕緣物，例如Styrofoam，倚賴同一技術：野餐時帶去的保冷容器能讓西瓜保持冰涼，因為它是用彼此間散布著小氣穴的聚苯乙烯鏈製成。

一八一五年，杜鐸終於湊齊冰事業拼圖的關鍵拼塊：採收、絕緣、運輸、儲存。在仍遭債主追債下，他開始定期運冰到他在哈瓦那建造的一座先進冰屋。這時，在哈瓦那，對冰淇淋的喜愛已慢慢成熟。在他出於直覺的原始構想問世十五年後，杜鐸的冰買賣終於轉虧為盈。一八二〇年代，美國南部各地都有他的冰屋，冰屋裡擺滿來自新英格蘭的冰塊。一八三〇年代，他的船已航向里約熱內盧和孟買（日後印度會成為他獲利最大的市場）。一八六四年去世時，杜鐸已積攢到相當於今日幣值兩億多美元的財富。

第一次出航虧本作收三十年後，杜鐸在日記寫道：

三十年前的今天，我搭船長皮爾森所駕的雙桅橫帆船「最愛」號，從波士頓啟航前往馬提尼克島；載了第一批冰。去年，我運了三十多船的冰，另外還有別人運了多達四十艘船的冰……這門生意已經上了軌道。如今這生意不可能放棄，也不單單靠一個人。不管我是早走還是長壽，人類都會永遠受惠。

杜鐸如願把冰賣到世界各地，那份志得意滿（儘管遲來）的成就，讓今日的我們覺得不可思議，原因不只是因為冰塊從波士頓運到孟買不會化掉，令人難以想像。賣冰還有一耐人尋味且幾乎具哲學意涵之處。天然商品的買賣，大部分涉及在高能量環境生長興旺的東西。甘蔗、咖啡、茶葉、棉花，十八、十九世紀主要的商品，都有賴於熱帶、亞熱帶氣候的炙人高溫；如今靠油輪和輸油管輸送到世界各地的化石燃料，則純粹是數百萬年前被植物吸取並儲存下來的太陽能。一八〇〇年，把只在高能量環境生長的東西運送到低能量氣候區，就能賺錢。但賣冰，反轉了這一模式，堪稱是地球商業史上頭一遭。冰之所以值錢，要歸因於新英格蘭地區冬天的低能量狀態，以及冰能長期儲存那一能量不足狀態的特殊能力。熱帶地區的商品作物，使有時熱到令人無法忍受的氣候區人口得以成長，從而為能讓人避開炎熱的一項產品創造了市場。在漫長的人類商業史中，能量始終與價值相關：愈熱，太陽能愈多，作物產量就愈高。但在一個偏重甘蔗園、棉花田之富生產力熱氣的世界，冷有時也是項資產。杜鐸眼光不凡之處在此。

一八四六年冬，亨利・梭羅看著佛雷德里克・杜鐸所雇的割冰工人，用馬拉的犁從瓦爾登湖割取冰塊，那場景可能像畫家布魯蓋爾筆下的畫面，男人在冬季大地上用簡單的工具幹活，完全不像在其他地方轟轟運行的工業時代。但梭羅知道他們的勞動附屬於更廣大的網絡，他在日記裡寫下他對賣冰業全球做生意一事的歡快想像：

於是，查爾斯敦、紐奧良和馬德拉斯、孟買、加爾各答諸地熱得發昏的居民，似乎飲我的井水入口……純淨的瓦爾登湖水和神聖的恆河水混在一塊。借順風之助，它漂過傳說中亞特蘭提斯島、西方極樂群島的所在地，走過航海家漢諾航行過的海域，漂過德那第島、蒂多雷島和波斯灣口，在印度海域的熱帶大風中融化，在亞歷山大只聞其名未曾親歷的港口上岸。

其實梭羅低估了那一全球網絡的範圍，因為杜鐸所打造的賣冰事業，遠不只聚焦於結冰的水。杜鐸第一批運到馬提尼克島的冰迎來茫然的凝視，但隨著時日推移，那一茫然慢慢消失，愈來愈多人倚賴冰。冰鎮飲料成為南部諸州生活的必需品。（即使在今日，美國人都遠比歐洲人更可能喜歡喝加冰的飲料——杜鐸創業雄心的遙遠遺產。）到了一八五〇年，杜鐸的成就已激發無數人仿效，一年運到世界各地的波士頓冰達十幾萬噸。一八六〇年，紐約三分之二人家每日有人送冰上門。當時的一份記述，描述了牢牢捆紮的冰如何成為日常生活的一部分：

在工場、排字間、會計室，工人、印刷工、辦事員一起請人每日供應冰。每間辦公室，每個角落，因人的存在而變熱，也因有他結晶體友人的存在而降溫……那就幾乎和替輪子上油一樣。它使整個人體舒服地運作，轉動商業的輪子，推動強勁的商業引擎。

對天然冰的倚賴變得非常高，因而每隔十年左右來一場異常的暖冬，就會使報紙大猜特猜會不會發生「冰荒」。晚至一九〇六年，《紐約時報》仍下出令人心驚的大標題：「冰價漲到四十美分，冰荒已在眼前。」該報接著陳述了歷史背景：「十六年來紐約未碰過像今年這樣未來將無冰可用的情況。一八九〇年碰過大麻煩，不得不全國各地找冰。但自那之後以迄今日，對冰的需求已大幅增加，冰荒的嚴重程度比那時高上許多。」不到一個世紀，冰從奇珍異寶變為奢侈品，再變為必需品。

芝加哥牲畜圍場×冷藏車廂：改變美國景觀地圖的環境力量

靠冰驅動的製冷，改變了美國的地圖，尤以令芝加哥改頭換面最為明顯。芝加哥初期的急速成長，出現於運河及鐵路將該市與墨西哥灣和東部沿海城市連接之後。自然因素和十九世紀某些最具雄心的工程，使芝加哥成為交通樞紐，然後，拜芝加哥幸運的地理位置之賜，小麥得以從豐饒的平原輸往東北部的城鎮。但生肉若走同樣的輸運路線，還未到目的地就會腐敗。該世紀中葉起，芝加哥的醃豬肉貿易非常發達，用於在屠宰前或裝運前臨時圈存牲畜的牲畜圍場，在芝加哥市郊區問世，豬隻在牲畜圍場屠宰後裝進桶子送到東部。但生鮮牛肉大體上仍是在產地才吃得到的美食。

但隨著時日的推移，東北部飢餓城市和中西部牛隻之間出現供需失衡。一八四〇、五〇年代，外來移民增加了紐約、費城等都市的人口，在地牛肉的供應趕不上城市暴增的需求。在這同時，征服北美大平原一事，使大牧場主得以在沒有相應的攝食人口下飼養大批牛隻。養牛者可以用火車把活牛運到東部諸州，在當地宰殺，但運送整批牛成本不斐，而且牛在途中往往營養不良，乃至受傷。牛隻運到紐約或波士頓時，會有將近一半不能吃。

最終為這一困境提供破解之道者，就是冰。一八六八年，豬肉大亨班傑明・哈欽森（Benjamin Hutchinson）蓋了一座新包裝廠，據唐納德・米勒（Donald Miller）在講述十九世紀芝加哥歷史的《本世紀風雲城市》（*City of the Century*）中所述，該廠的特點是設有「擺放了許多天然冰的冷卻室，使他們得以一整年包裝豬肉，為該業界重大的創新之一」。這是一場革命的開端，該革命不只將使芝加哥改頭換面，也會使美國中部的整個自然景觀改觀。一八七一年大火後那些年，哈欽森的冷卻室激勵其他企業家將用冰降溫的設施整合進肉品包裝業。有一些人開始於冬季時用敞篷火車車廂將牛肉運回東部，靠大自然的低溫替牛肉保鮮。一八七八年，古斯塔夫・富蘭克林・史威夫特（Gustavus Franklin Swift）雇一名工程師建造先進的冷藏車廂。這種車廂為全新設計，可以全年不分季節將牛肉運到東部沿海地區。冰塊放進肉上方的箱子裡；沿途靠站時，工人可從上方添換新冰塊，不必動到下方的肉。米勒寫道：「應用基礎物理學，使古老的屠牛業從地方事業轉型為國際事業，因為冷藏車廂自然催生出冷藏船，從而把芝加哥牛肉運到四大洲。」此一全球貿易的成功，使美國平原區的自然景觀改頭換面，其影響如今仍可見到：微微泛光的遼闊草原被產業肥育場取代，用米勒的話說，創造出「一個城鄉（糧食）體系，而這個體系是自冰河時期冰川開始最後的後退之後，在改變美國景觀上最有力的環境力量。」

十九世紀最後二十年出現的芝加哥牲畜圍場，正如厄普頓・辛克萊

（Upton Sinclair）所寫道，乃是「在一地所曾聚集最大的勞力、資本聚合體」。一年平均宰殺一千四百萬頭牲畜。從許多方面來看，今日「慢食」提倡者所極為鄙視的工業性食品綜合企業（industrial food complex），濫觴於芝加哥牲畜圍場，以及從無情的肥育場與屠宰場往外伸展且靠冰來製冷的運輸網。厄普頓・辛克萊之類的進步主義者，把芝加哥說成但丁筆下煉獄的某種工業化版本，但事實上，牲畜圍場所用到的技術，大部分是中世紀屠夫所能認出的。在整個產業鏈裡，最先進的技術是火車冷藏車廂。西奧多・德萊塞（Theodore Dreiser）把牲畜圍場組裝線說成「直接通往死亡、解剖、冷藏庫的斜坡道」，的確說得很對。

談到芝加哥，傳統說法認為拜鐵路發明和伊利運河開鑿之賜，它才有機會發展起來。但這說法只說中了一部分。若沒有水的獨特化學性質——水能在極輕微的人力干預下儲存並慢慢釋放寒冷的能力——芝加哥不可能飛速成長。如果液態水的化學性質不是如此，地球上的生命會呈現截然不同的樣貌（或更有可能的，根本演化不出來）。但如果水也未擁有結凍的獨特傾向，十九世紀美國的發展軌跡也幾乎八九不離十會不一樣。不靠冷藏設施，能把香料送到世界各地，但牛肉不行。冰使一新式食品網不再遙不可及。我們認為芝加哥是能挑重擔之都，是鐵路帝國與屠宰場之都；但說它建立在氫的四面體鍵上，同樣貼切。

蚊蚋×發高燒：人工製冷設施的發明

如果擴大你的參考架構，把冰買賣擺在技術史的大環境裡檢視，杜鐸的創新就有令人費解、簡直過時落伍之處。別忘了那是十九世紀中葉，正是以煤為動力的工廠擅長的時代，有鐵路和電報線將大城連在一塊的時代。但冷藏技術仍完全建立在從結冰湖割取冰塊的基礎。自掌握火（堪稱是智人的第一項創新）以來，人類摸索加熱技術已至少十萬年。但控溫技術的另一端，即製冷，困難得多。工業革命啟動一百年後，人工製冷仍是幻想。

但對冰的商業性需求（數百萬美元從熱帶地區流入新英格蘭地區冰業大

亨口袋），向全世界發出一個信號，即製冷是門可賺錢的行業，於是一些善於發明的人開始尋找人工製冷的下一個必然方法。你或許以為杜鐸的成功會激勵新一代同樣貪圖錢財的企業家暨發明家，投入人工冷藏技術的根本性變革。但不管我們如何歌頌今日科技圈的創業文化，根本性的創新並非總是來自私部門的探索。新構想的出現，並非總是如杜鐸的構想那樣，激發自對「多到讓我們不知怎麼花的錢」的追求。人類的發明之道，不只有一個靈感源泉。冰買賣濫觴於一名年輕人對無可計數之財富的追求夢想，但人工製冷的故事肇始於一項較急迫、較人道主義的需求：有個醫生想保住病人的命。

這個故事要從昆蟲說起，地點在佛羅里達州的阿帕拉契科拉。那是個有一萬居民的城鎮，地處亞熱帶，居民住在沼澤地邊——滋生蚊子的絕佳環境。一八四二年，蚊子猖獗，不可避免帶來瘧疾風險。在當地小醫院裡，醫生約翰·高里（John Gorrie）面對數十個病人發高燒，束手無策。

高里拚命想辦法降低病人的高溫，嘗試在醫院天花板上吊著冰塊，結果很有效：冰塊降低室內溫度，從而降低病人熱度。有些病人於熱度降低後打敗瘧疾，保住性命。但高里這項對抗亞熱帶氣候危險效應的高明辦法，最終受制於當地環境的另一個副產品而破功。熱帶濕氣既使佛羅里達成為適合蚊子棲息的地方，也協助孕育了另一個威脅：颶風。一連串船難使來自杜鐸之新英格蘭地區的冰無法如期運抵，高里無冰可用。

於是這位年輕醫生開始苦思更根本的解決辦法：自己製冰。高里運氣好，這一構想出現得正是時候。數千年來，人工製冷始終是人類文明所幾乎不敢想像的事。我們發明了農業、城市、高架渠、印刷機，但製冷始終如同天方夜譚。不過，十九世紀中葉時，人工製冷變得不再遙不可及。用複雜理論家斯圖亞特·考夫曼（Stuart Kauffman）的妙語來說，製冷成為那個時期「鄰近可能」（adjacent possible）的一部分。

要如何說明這一突破？光是說有個不世出的天才，比其他所有人都聰明，提出一個高明的新辦法，並未道盡真相，因為構想基本上是其他諸多構想組成的網絡。我們把自己所處時代的工具、隱喻、概念、科學知識拿來，重新混為新東西，但如果沒有正確的建構材料，無法達成突破，不管你多聰明皆然。十七世紀中葉，世上最聰明的人發明不出冷藏庫。它根本不是那個時候「鄰近可能」的一部分，但到了一八五〇年，一切已就緒。

第一件必須發生的事，簡直會讓今人不禁發噱：我們得發現空氣其實是由某些東西構成，發現空氣並非物與物間的空蕩蕩空間。一六〇〇年代，業餘科學家發現一奇怪現象：真空。在真空狀態下，空氣似乎真的不由任何東西構成，空氣的行為不同於平常狀態。在真空中，火焰會熄滅；真空密封的牢固程度，用兩組馬來拉都拉不開。一六五九年，英格蘭科學家羅伯特·波以耳（Robert Boyle）把鳥放進罐子裡，用真空泵抽掉裡面的空氣，鳥如波以耳所料死掉，但怪的是鳥也凍僵。如果真空與正常空氣大不同，因而能令生物喪命，那意謂著肯定有某種肉眼所看不見的東西構成正常空氣；而且那間接表示，改變氣體的體積或壓力能改變它們的溫度。隨著蒸汽引擎迫使工程師弄清楚熱與能量如何轉換，發明出熱力學這個自成一系的學科，我們的眼界於十八世紀大開。更精準的熱、重量度量工具問世，攝氏、華氏溫度也有了標準化衡量尺度，而一如在科學、創新史上所常見的，度量的精確性有了提升，新的可能隨之出現。

這些建構材料在高里的腦子裡流轉，猶如氣體裡的分子相撞彈開，形成新的連結。他開始利用閒暇建造冷藏機器。這台機器利用泵的能量來壓縮空氣。壓縮使空氣增溫，這機器再讓空氣通過用水降溫的管子，冷卻壓縮後的空氣。空氣擴張時，抽取周遭的熱氣，一如分解為液態水的氫原子四面體鍵，此一吸熱過程使周遭空氣降溫。這機器甚至可用來造冰。

令人驚喜地，高里的機器管用。高里不再倚賴從千哩外運來的冰，用自製的製冷設施降低病人的高熱。他申請專利，並準確預測了未來。誠如他所寫道，在那樣的未來，人工製冷「或許更能造福人類……水果、蔬菜、肉類將在運送途中受到我冷藏系統的保存，從而讓所有人享用！」

高里在發明上卓然有成，做生意卻一事無成。杜鐸的賣冰事業做得很成功，只要沒有暴風雨打斷買賣，天然冰量多且便宜。雪上加霜地，杜鐸本人有計畫地抹黑高里的發明，說他的機器所製造的冰感染細菌。這是稱霸業界的企業貶低更有力新技術的典型事例，和第一代有圖形界面的電腦被對手貶抑為「玩具」、不是「正經的商業機器」，如出一轍。約翰・高里死時身無分文，連一台機器都沒賣出去。

但人工製冷的想法未跟著高里一起消失。經過數千年的冷落，全球突然對人工冷藏一事大感興趣，陸續有人為大同小異的人工冷藏技術申請專利。這個想法突然間到處出現，並非因為有人剽竊了高里的構想，而是因為他們都各自突然想到同樣的基本設計。概念性的建構材料終於一一到位，於是，人工製冷的想法突然間「浮現腦海」。

那些影響全世界的專利，乃是說明創新史上一大奇妙現象的實例，即今日學者所謂的「多重發明」。發明和科學發現往往成群到來，分處不同地方的研究者突然間各自取得同樣的發現。一個天才想出一個從沒人想過的點子，其實是例外，而非通則。大部分發現都是在歷史的某個時刻變成可以想像，在那時刻之後，許多人開始想像它們。電池、電報、蒸汽引擎、數位音樂資料庫，都是在幾年裡由多人各自發明出來。一九二〇年代初期，兩名哥倫比亞大學的學者，在〈發明是必然的？〉（Are Inventions Inevitable?）一文中，探究了發明史。他們找到一百四十八個同時發明的例子，其中大部分出現在同一個十年內。那之後迄今，又發現數百個這樣的例子。

冷藏設施亦然：對熱力學和空氣基本化學組成的了解，加上冰買賣所賺得的財富，使人工製冷問世的時機成熟。那些同時的發明者，有一人是法國工程師斐迪南・卡雷（Ferdinand Carré）。他獨力設計了一台冷藏機器，機器的基本運作原理和高里的一樣。他在巴黎為他的冷藏機器建造了原型，但他的構想最終勝出，乃是因為大西洋彼岸所發生的事：美國南部發生另一種冰荒。一八六一年美國內戰爆發後，北方聯邦封鎖南方諸州，以重創南方邦聯的經濟。同樣是阻止冰塊運往南部，北方聯邦海軍比墨西哥灣流沿線產生的暴風雨更為厲害。熱得發昏的南部諸州，已在經濟上和文化上倚賴起冰塊貿易，頓時發覺自己亟需人工製冷。

南北打得正激烈時，有時有載著走私品的船趁著夜色穿過封鎖，在大西洋岸和墨西哥灣岸上岸。但走私者所載來的貨，不只火藥或武器，有時還有更為新奇的東西：根據卡雷的設計圖建造的製冰機。這些新機器以氨為製冷劑，每小時能造出四百磅的冰。卡雷的機器被人從法國運來，偷偷帶進喬治亞、路易斯安那、德克薩斯三州。一些創新者小幅修改卡雷的機器，提升其效率。幾家營利性製冰廠開張，代表在工業化主舞台的初試啼聲。到了一八七〇年，南方諸州的人造冰產量已高居世界之冠。

內戰後的幾十年裡，人工製冷業急速發展，天然冰貿易開始慢慢衰落，終至遭淘汰。製冷成為大型產業，不只從轉手的現金來看是如此，從機器的體積來看亦然：蒸汽驅動的龐然機器重達數百噸，靠一批正職工程師維護。十九、二十世紀之交，紐約的翠貝卡（Tribeca）居住區（如今是世上某些最昂貴華廈的所在地），基本上是個超大冷藏庫，幾個街區全是無窗的建築，那些建築全設計來冷藏從附近華盛頓食品市場不斷運來的農產品。

十九世紀的製冷故事，幾乎始終在追求更浩大的規模。但下一場人工製冷革命，走的卻是與此背道而馳的路。製冷追求小型化：那些長達整個街區的翠貝卡冷藏庫不久後會變小，以擺進美國家家戶戶的廚房裡。但令人意想不到的，人工製冷的更小足跡，最後會在人類社會引發改變，而且是大到能從太空看到的改變。

瞬間冷凍×冰晶體：餐桌上的冷凍晚餐包

一九一六年冬，一名特立獨行且結婚沒多久的自然學家和企業家，舉家搬到北邊拉布拉多半島的偏遠凍原上。在這之前，他自己在那裡度過幾個冬天，開了一家飼養狐狸和偶爾將動物和報告送回美國生物調查局的毛皮公司。他妻子生下兒子五個星期後，她帶著小孩過去與他會合。拉布拉多半島，再怎麼說，都不是新生兒的理想居住地。氣候嚴寒，氣溫常掉到攝氏零下十七度，該地區完全沒有現代醫療設施，吃的也很不理想。拉布拉多半島天候酷寒，冬天的食物若非冷凍的，就是醃製的；除了魚，沒別的新鮮食物。正餐吃的通常是當地人所謂的「布魯茲」（brewis）：鹹鱈魚和硬餅乾。硬餅乾硬得像石頭，放在水裡煮過，並綴以用鹽處理過並炸過的小豬油塊（scrunchion）。凡是冷凍過的肉或農產品，解凍後都會變得爛糊、風味盡失。

但這位自然學家在吃的方面愛嘗新，著迷於不同文化的食物。（他在日記裡記載了他所吃過的各種東西，從響尾蛇到臭鼬都有。）於是他開始和當地一些伊努伊特人去冰上釣魚，在結冰的湖面上鑿洞，擲入釣線釣鱒魚。氣溫在零下十七、十八度，因此魚一被拉出湖面，幾秒鐘內就會凍結變硬。

這位年輕的自然學家，在拉布拉多半島坐下來和家人一起用餐時，無意間發現一個有力的科學實驗。他們把從冰湖釣來的鱒魚解凍，發現它吃起來比平常的冷凍魚新鮮得多。差異如此顯著，使他開始一心要弄清楚為何結凍的鱒魚更能有效保住原味。於是克萊倫斯．伯茲艾（Clarence Birdseye）開始調查此現象，從而最終使他的名字出現在全球超市的凍豌豆、凍魚條的包裝袋上。

最初伯茲艾以為鱒魚保住鮮味，純粹因為鱒魚是較晚近才捕獲，但隨著他更深入研究，他開始認為還有別的因素。首先，與其他冷凍魚不同的，從冰下捕來的鱒魚可保住原味數個月。他開始拿冷凍蔬菜做實驗，發現隆冬時冷凍的蔬菜，吃起來比晚秋或初春時冷凍的蔬菜美味。他用顯微鏡分析食物，注意到結凍過程所形成的冰晶體內有個顯著差異：失去原始風味的結凍農產品有明顯較大的晶體，而且那些晶體似乎正瓦解食物本身的分子結構。

最後，伯茲艾想到一說法來說明口感上的顯著差異：關鍵全在於冷凍速度。慢慢冷凍使冰的氫鍵有機會形成較大的晶體狀。幾秒內完成的冷凍，即我們今日所謂的「瞬間冷凍」，產生小上許多而對食物本身損傷較少的晶體。伊努伊特族漁民未從晶體、分子的角度思考這件事，但千百年來他們都藉由將活魚拉出水面，讓魚瞬間置身極寒氣溫裡，享受瞬間冷凍的好處。

他繼續實驗，腦海裡開始浮現一構想：由於人工製冷愈來愈普遍，冷凍食品的需求可能非常大，只要能解決品質問題的話。一如他之前的杜鐸，伯茲艾開始記錄他的製冷實驗，且一如杜鐸，這構想會在他腦海裡佇留十年之後，才轉化為可上市獲利的東西。那並非靈光一閃即成形的東西，而是在無比悠閒從容之中，經過一段時日逐步成形的構想。我喜歡把那稱作「慢慢成形的直覺想法」（slow hunch），那與「靈光乍現」的想法截然相反，要經過數十年才變清楚，而非在幾秒內即呈現。

伯茲艾的第一個靈感來源，乃是拉出冰湖的鱒魚保有無比鮮度一事。但第二個靈感來源的性質與前者南轅北轍：一艘裝滿腐爛鱈魚的商業性漁船。在拉布拉多半島闖蕩之後，伯茲艾回到他在紐約的老家，在漁業協會裡覓得工作。這份工作讓他親眼見到商業性漁業慣有的駭人情況。伯茲艾後來寫道：「鮮魚配送作業的無效率和不衛生，令我非常反感，我於是開始想辦法在生產階段就從易腐食物裡移除不可食的廢棄部位，用堅實、便利的容器包裝，讓魚貨在鮮度完好無損下送到家庭主婦手上。」

二十世紀頭幾十年，冷凍食品業被認為是最不入流的事業。你能買到冷凍的魚或農產品，但這種東西被普遍認為無法入口。（事實上冷凍食品品質太差，紐約州立監獄以它未達到獄囚的食品標準予以禁用。）關鍵癥結之一在於食品的冷凍溫度較高，往往只達冰點以下幾度。但此前幾十年的科學進步，已使人得以人工製造出和拉布拉多半島一樣的低溫。到了一九二〇年代初期，伯茲艾已研發出一瞬間冷凍流程，把魚裝入紙箱，堆疊起來，用攝氏零下四十度的低溫冷凍。受到亨利・福特T型車工廠的新工業模式啟發，伯茲艾創造出「雙輸送帶凍結器」（double-belt freezer），以更有效率的生產線完成冷凍流程。他創立了名叫通用海產（General Seafood）的公司，該公司即運用這些新生產技術。伯茲艾發現，他用這方法冷凍的食品（水果、肉、蔬菜），幾乎樣樣在解凍後仍非常新鮮。

這時，冷凍食品還要經過十幾年才會成為美國人主食的一部分（這需要超市和家戶廚房的冷凍庫達到足夠數量才會實現，而這數量要到戰後時期才能達到）。但伯茲艾的實驗大受看好，於是一九二九年，在黑色星期五華爾街股市崩盤前幾個月，波斯特姆穀類食品公司（Postum Cereal Company）買下通用海產公司，並迅即將它改名為通用食品（General Foods）公司。伯茲艾的冰上釣魚冒險，最終使他成為百萬富翁。他的名字出現在不帶骨冷凍魚肉的包裝盒上直至今日。

伯茲艾在冷凍食品上的突破，既是慢慢成形的直覺想法的體現，也是幾個大相逕庭的地理空間、知性空間碰撞的產物。要想像出一個瞬間冷凍食品的世界，伯茲艾需要有在嚴寒的北極區氣候養活一家人的艱苦經驗，需要與伊努伊特族漁民相處，需要檢查紐約港鱈魚拖網漁船的惡臭容器，需要具備製造零度以下低溫的科學知識，需要具體打造生產線的工業知識。一如每個重大的構想，伯茲艾的不凡構想，並非單單一個洞見，而是彼此息息相關，且以新配置方式包裝在一塊的其他數個構想。伯茲艾的構想之所以發揮了這麼大的作用，不只因為他個人過人的天賦，還因為他所結合的地方、專門技術非常多樣。

在伯茲艾取得那一發現後的幾十年裡，興起了加熱即可食的冷凍包裝食品。在如今這種講究本地取材、手工料理的時代，那類食品已經失寵，但冷凍食品問世之初，增進了人類健康，為美國人的日常飲食注入更多養分。瞬間冷凍食品擴大了食品供應的時間與空間：夏季採收的農產品能在幾個月後供人食用；在丹佛或達拉斯能吃到在北大西洋捕獲的魚。與其等五個月吃新鮮豌豆，不如一月時就吃冷凍豌豆。

室內降溫×空調問世：人口分布的大改變

到了一九五〇年代，美國人的生活方式已深受人工製冷影響，在本地超市的冷凍食品區購買加熱可食的冷凍晚餐包，把它們疊放在新買的富及第冰箱的深冷凍槽裡，該冰箱擁有最新的製冰技術。整個製冷經濟背後，有龐大的冷凍車隊支持，那些車將伯茲艾的冷凍豌豆（和許多它們的仿製品）運送到全國各地。

在一九五〇年代的代表性美國家庭裡，最新奇的製冷裝置並非用來存放正餐用的不帶骨魚肉或製作馬丁尼酒用的冰塊，而是用來使整個房間降溫（除濕）。第一個「空氣處理裝置」，一九〇二年由一位名叫威利斯·開利（Willis Carrier）的年輕工程師想出來。開利的發明故事是意外發現史上的典型例子。當工程師的開利，二十五歲時受布魯克林一家印刷公司聘雇，要他想辦法使印在紙上的墨水在潮濕的夏季不致受潮變糊。開利的發明不只除掉印刷房的濕氣，還使室內變涼爽。開利注意到突然間每個人都想在印刷機旁吃午餐，他開始設計旨在調節室內濕度與溫度的裝置。幾年後，開利就開了一家以將這項技術用於工業為重點的公司（如今仍是世上最大的空調製造廠之一）。但開利深信空調也應澤被一般大眾。

他的第一場大測試進行於一九二五年五月陣亡將士紀念日那個週末，開利在派拉蒙影業於曼哈頓的新旗艦戲院里沃利（Rivoli），首次啟用一實驗性質的空調系統。長久以來，夏季時的戲院都悶熱得讓人卻步。（事實上十九世紀已有一些曼哈頓劇院嘗試用冰降溫，可想而知這使劇院內又濕又潮。）空調問世之前，推出暑期強檔巨片是個很蠢的點子：大熱天裡最不想待的地方，就是有另外一千個猛流汗的人體和你一起待的房間。於是開利使出三吋不爛之舌，讓派拉蒙的著名老闆阿道夫・祖克（Adolph Zukor）相信，花錢替旗下戲院裝置空調會讓他財源滾滾。

陣亡將士紀念日週末，祖克親臨測試現場，低調坐在樓座裡。開利和他的團隊在讓空調裝置準備好和開始運作上，碰上一些技術難題。影片開映前，戲院裡到處是猛揮的扇子；後來開利在其回憶錄憶起當時的情景：

在大熱天要使迅速坐滿的戲院降溫得花一些時間，而要使塞滿人的戲院降溫，又要花更多時間。漸漸地，幾乎察覺不到地，扇子給擱在大腿上，因為空調系統開始明顯發威。只有少數一時改不了揮扇習慣的人繼續在揮扇，但不久他們也停止揮扇……然後我們進入大廳，等祖克先生下來。他看到我們，沒等我們問他意見，就自己說道：「沒錯，大家會喜歡它。」

一九二五至一九五〇年，大部分美國人只在大型商業場所，例如戲院、百貨公司、飯店或辦公大樓，感受過空調的好處。開利知道空調要往家用的領域走，但機器實在太大太貴，中產階級家庭擺不進去也買不起。開利公司在其為一九三九年萬國博覽會推出的展品「明日冰屋」中，的確為這樣的未來開了一扇窺看的窗口。在一古怪建築裡，開利展示家用空調的神奇，現場並有一隊一身大腿舞女郎裝扮的滑雪女郎。該建築形似一客香草霜淇淋，有五層樓高。

但開利的家用空調遠景，因二次大戰的爆發而延宕下來。直到一九四〇年代晚期，也就是在將近五十年的實驗後，空調才進駐家庭門面，最早的窗型可攜式裝置出現在市場上。不到五年，美國一年安裝的空調就超過百萬台。想到二十世紀的迷你化作為時，腦海裡自然而然會浮現電晶體收音機或微晶片，但空調的縮小過程在創新史上也理當占有一席之地：原本比一輛平板卡車還要大，後來縮小到可嵌入窗子裡。

這一縮小將於不久後引發一連串變化，從許多方面來看，與汽車對美國定居模式的衝擊一樣大。原本濕熱得讓人無法忍受的地方，包括佛雷德里克·杜鐸年輕時在汗流浹背中度過夏天的某些城市，突然間變得為更多平民大眾所能忍受。由南往北的重大遷徙潮（內戰後時期的社會特色），到了一九六四年已反轉。由於來自較冷州的人民移入，陽光地帶（西自加州、東至南北卡羅萊納州的美國南部一帶）人口成長。拜家用空調之賜，他們能忍受熱帶濕度或炙熱的沙漠氣候。士桑市人口於短短十年內從四萬五千暴增為二十一萬；休士頓於同一期間從六十萬增加為九十四萬。一九二〇年代，威利斯．開利在里沃利戲院向阿道夫．祖克首度展示空調性能時，佛羅里達的人口不到百萬；五十年後，該州已在通往全國前四大人口州的路上穩穩邁進，有千萬人在裝了空調的家裡躲避夏季的濕熱。開利的發明不只使氣分子和水流動，最終也使人口流動。

人口分布的大改變，不可避免影響政治。往陽光地帶的人口遷徙，改變了美國的政治地圖。南部原是民主黨票倉，這時被大批移入的退休人員包圍，那些人的政治立場偏保守。誠如史學家納爾遜．波爾斯比（Nelson W. Polsby）在其著作《國會沿革》（*How Congress Evolves*）中闡明的，空調問世後往南移的北方共和黨人，在打破「南方民主黨人」的基礎上，其貢獻就和反民權運動一樣大。在國會，這帶來一弔詭效應，引發一波自由主義改革──因為國會的民主黨議員不再分裂為保守南方人和北方進步派。但在總統政治上，空調的衝擊堪稱最大。佛羅里達、德克薩斯、南加州暴增的人口，使選舉人團移向陽光地帶，一九四〇至一九八〇年氣候溫暖的數州增加了二十九張選舉人票，東北部和鐵鏽地帶那些較冷的州少了三十一張。二十世紀上半葉，只有兩位總統或副總統來自陽光地帶州。但一九五二年起，每一組勝選的總統、副總統都含有一名來自陽光地帶的候選人，直到二〇〇八年歐巴馬和拜登這對搭檔才打破這一現象。

從長鏡頭歷史的角度來看，在威利斯．開利開始在布魯克林思考如何使墨水不致受潮糊掉之後將近百年，我們操縱細小空氣分子和濕氣的能力，協助改變了美國的政治地圖。但陽光地帶在美國境內地位上升一事，只是今日正在全球舞台上演之大戲的一場彩排。在世界各地，迅速成長的巨型都市主要分布於熱帶：清奈、曼谷、馬尼拉、雅加達、喀拉蚩、拉哥斯、杜拜、里約熱內盧。人口學家預測，這些熱帶都市到了二〇二五年會增加超過十億的居民。

這些新移民不消說有許多人在家沒有空調可享，至少目前還沒有。而長遠來看，這些城市，特別是那些以沙漠氣候地區為主的城市，是否能長久維持下去，不無疑問。但控制辦公大樓、商店、較富裕家庭裡溫度和濕度的能力，使這些都市得以吸引經濟基礎入駐，從而使它們迅速躋身為巨型都市。

在二十世紀下半葉之前，全球前幾大城市（倫敦、巴黎、紐約、東京）幾乎全都在溫帶，這絕非偶然。我們目前所看到的，堪稱人類史上最大一場集體遷徙，由家用電器引發的第一場集體遷徙。

引領製冷革命的那些夢想家、發明家，並非靈光一閃即浮現劃時代的構想，而且他們高明的構想鮮少立即使世界改頭換面。大部分情況下他們有出自直覺的想法，但他們堅定不移，守著那些想法數年，甚至數十年，直到萬事俱備，一切就緒。其中有些創新可能讓今日的我們覺得微不足道。眾人的巧思，數十年心力關注的焦點，全都只為了讓世人享有安全的加熱可食冷凍包裝晚餐？但杜鐸與伯茲艾所協助打造出的冰涼世界，將不只是使凍魚條分布全世界。拜瞬間冷凍和人類精子、卵、胚胎的低溫貯藏之賜，那也使人口分布世界各地。全球數百萬人的生存，要歸功於人工製冷技術。如今，卵母細胞低溫貯藏新技術正使女人有機會在較年輕時保存健康卵子，使許多女人到了四、五十歲時仍能生育。今人在生兒育女上享有這麼多新自由——從借助精子銀行懷孕的女同志戀人或未婚媽媽，到投入職場二十年後才想要有小孩的婦女——若沒有瞬間冷凍問世，不可能有這樣的事。

思考那些突破性的想法時，我們往往被原始發明的格局框限住。我們找到人工製冷的方法，以為那只意謂著我們的房間會較涼爽，炎熱夜裡會睡得較好，或者加在汽水裡的冰塊會不虞匱乏。這不難理解。但如果只從那個方面談製冷的故事，那就見樹不見林。在佛雷德里克．杜鐸開始想著將冰運到薩瓦納之後兩百年，我們支配冷的本事正協助重組全球各地的定居模式，並把數百萬新生兒帶到世上。冰乍看之下似乎像是一項微不足道的進步：奢侈品，但非必需品。但如果從長鏡頭視角來看它，會發現過去兩百年它的衝擊一直非常大：從北美大平原的改頭換面，到透過冷凍胚胎誕生的新生命和生活方式；一直到在沙漠裡欣欣向榮的大城市。

第三章 聲音

我們的先民先是在數萬年前注意到回音與反響改變人聲特性的能力；數世紀來，從大教堂到音牆，我們使用那些特性來提升我們的發聲距離和威力。但兩百年前研究聲音物理學的人，恐怕沒人能預料到那些回音會用來追蹤海面下的武器或斷定胎兒性別。最初是人們耳際最動人、最本能的聲音（我們的歌聲、笑聲、與人分享新聞或小道消息的聲音），後來被改造為戰爭與和平的工具，救人和奪人性命的工具。

約一百萬年前，海水從包圍今日巴黎的盆地撤退，留下一圈原是活性珊瑚礁的石灰岩礦床。勃艮第的屈爾河（River Cure）在長久歲月裡慢慢蝕穿其中某些石灰岩塊，創造出諸多洞穴和地道，而那些洞穴和地道最後密布由雨水和二氧化碳形成的鐘乳石、石筍。根據考古發現，尼安德塔人和早期現代人使用那些洞穴棲身、舉行儀式長達數萬年。一九九〇年代初期，在屈爾河畔阿爾西（Arcy-sur-Cure）的洞穴群岩壁上發現大批古壁畫：一百多幅野牛、長毛象、鳥、魚的圖畫，最最令人難忘的，甚至有某個小孩的手印。根據放射性年代測定，這些畫有三萬年歷史。只有位在法國南部夏維岩洞（Chauvet）的壁畫，據認比它們古老。

出於可以理解的理由，洞穴壁畫向來被拿來作為原始人欲以圖像呈現世界一事的證據。戲院問世前許久，我們的先民會群集於用火照亮的洞穴裡，凝視牆上忽隱忽現的圖畫。但晚近，關於勃艮第洞穴的原始用途有個新說法問世。那個說法把重點擺在聲音，而非地下通道的圖畫。

尼安德塔人×洞窟壁畫：宏大的聲音回響

屈爾河畔阿爾西的壁畫被發現數年後，來自巴黎大學的音樂人種誌學者伊耶戈爾．瑞茲尼科夫（Iegor Reznikoff）開始以蝙蝠方式研究那些洞穴，其作法是傾聽在洞穴群的不同地方產生的回音和反響。老早就有人看出，尼安德塔人的圖畫群集於洞穴的特定區域，有些最華麗、最緊湊的畫出現在超過一公里深的深處。瑞茲尼科夫斷定這些畫全位在洞穴裡音響效果最有意思的區域，即回響最深遠的區域。如果站在屈爾河畔阿爾西洞穴群最深處的舊石器時代動物畫底下發出一聲巨響，能聽到七種回音。在你的聲帶停止振動將近五秒後，回響才止息。從聲音的角度看，這效果與費爾．史貝克特（Phil Spector）在他為羅尼特女子團體（Ronettes）、艾克．與蒂娜．特納組合（Ike and Tina Turner）製作的一九六〇年代唱片上所用的著名「音牆」技法沒有兩樣。在史貝克特的系統裡，錄下的聲音被安排通過一間密布音箱與麥克風而創造出宏亮人造回音的地下室。在屈爾河畔的阿爾西，效果來自洞穴本身自然環境的營造。

根據瑞茲尼科夫的說法，尼安德塔人群聚於他們所畫的圖畫旁，在某種薩滿教儀式中吟詠或唱歌，用洞穴的回響來神奇擴大他們的聲響。（在洞穴裡另一個具有豐富音響效果的區域，瑞茲尼科夫也發現人工畫上的小紅點。）我們的先民無法用畫記錄所見事物的方式，記錄下他們所聽過的聲音。但如果瑞茲尼科夫的說法沒錯，早期人類在嘗試某種原始形態的聲音工程，放大和提升那個最令人陶醉的聲音：人聲。

提升（和最終複製）人聲的念頭，終究將為一連串社會、技術的突破創造有利條件：在通信和計算、政治、藝術方面。我們願意接受科學與技術已大幅提升我們視野一說：從眼鏡到凱克望遠鏡皆提升了我們的視野。但在人說話和唱歌時會振動的聲帶，也已被人為手段大幅強化其效能。我們能發出更響的嗓音；人聲開始透過鋪設在海床上的纜線傳送；人聲脫離地球的桎梏，開始傳送到衛星再反射回地球。視覺上的基本革命，大抵上展開於文藝復興時期與啟蒙運動時期之間：眼鏡、顯微鏡、單筒望遠鏡；看清楚，看得非常遠，也可以非常近看。聲音技術直到十九世紀晚期才大展身手，在那之後，聲音技術改變了幾乎所有東西。但它們並非以放大為開始。我們對人聲的執迷，第一個重大突破，以將人聲用文字寫下這個簡單動作呈現。

斯科特×語音描記器：人類史上第一台聲音記錄裝置

在尼安德塔歌者聚集於勃艮第洞穴的回響區之後的幾萬年裡，記錄聲音就和計算仙子數目一樣異想天開。但在那段期間，我們精進了設計音響空間以放大人聲和樂器聲的技術：畢竟中世紀大教堂的設計，既著重於營造宏大的視覺體驗，也同樣著重於聲音工程。但未有人費心去構想如何直接捕捉聲音。聲音虛無縹緲，非具體可觸。頂多就只能用自己的人聲和樂器模仿聲音。

記錄人聲的夢想，直到人類取得兩項關鍵發展之後，才進入「鄰近可能」的境地：一項發展來自物理學，另一項來自解剖學。從西元約一五〇〇年起，科學家根據聲音以不可見的波在空氣中傳播的假設，展開各項研究。

（不久後他們發現這些波在水裡的傳播速度是在空氣中的四倍，而這一怪事要再經過四百年才變得有用。）到了啟蒙運動時期，翔實的解剖學書籍已畫出人耳的基本結構，詳述聲波通過耳道傳送，引發耳膜振動。一八五〇年代，巴黎印刷工愛德華—萊昂・斯科特・德・馬丁維爾（Édouard-Léon Scott de Martinville），無意間發現其中一本解剖學書，使他對聲音的生物學和物理學產生業餘興趣。

斯科特也鑽研速寫；在開始思考聲音之前數年，他出版過一本談速記法歷史的書。當時，速記法是最先進的聲音記錄技術；沒有哪種方法能像受過訓練的速記員那樣精準、快速地捕捉說出的話語。但仔細端詳那些翔實的內耳插圖時，斯科特腦海開始浮現一想法：記錄人聲的過程或許能予以自動化。可用機器記錄下聲波，而不必用人寫下人語。

一八五七年三月，即愛迪生發明留聲機的二十年前，法國專利局授予斯科特聲音記錄機器的專利。斯科特的機器使聲波通過末端安有一片羊皮紙膜的號角狀裝置，聲波會引發羊皮紙振動，然後該振動被傳送到一根用豬鬃製成的描畫針，描畫針就在用炭黑抹黑的紙頁上刻出聲波。他把他的發明物稱作「語音描記器」（phonautograph），原文字面意思為「聲音的自行寫下」。

在發明史上，可能沒有比語音描記器的故事更兼具遠視、近視的奇怪特質。一方面，斯科特已在概念上獲致一重大的飛躍——聲波能被抽離空氣並描記在記錄媒材上；這比其他科學家和發明家早了十餘年。（如果你比愛迪生領先了二十年，你可以相當篤定自己會飛黃騰達。）但斯科特的發明受制於一個關鍵的（甚至好笑的）缺陷。他發明了史上第一台聲音記錄裝置，卻忘了設計回放功能。

事實上，說他「忘了」，太苛求他了。今日的我們覺得，記錄聲音的裝置含有讓人可以聽到該錄音內容的功能，理所當然。發明出沒有回放功能的語音描記器，似乎有點像是發明汽車卻忘了設計輪子旋轉的部位。但那是因為我們未從當時的時空背景來評判斯科特的心血結晶。機器能傳送源自他處的聲波一說，完全不是出於直覺的想法；直到亞歷山大·格雷厄姆·貝爾（Alexander Graham Bell）開始於電話機末端複製聲波，回放才成為不難想見的下一步發展。從某個意義上說，斯科特必須掌握兩個重要的盲點，第一要能想到聲音能被記錄下來，第二要能想到記錄下的聲音能轉化回聲波。斯科特掌握到第一點，但未能掌握到第二點。不能說他忘了使回放運作或未能使回放運作，而是他根本從未想到這點。

如果回放從不是斯科特計畫的一部分，那麼他為何費心建造語音描記器一問，就問得很合理。無法放音的錄音機有何用處？在此，我們碰上倚賴指導性隱喻（governing metaphor）一事的雙面刃問題，碰上借用來自其他領域的觀念，然後將其用在新環境一事的雙面刃問題。斯科特透過速記法這個隱喻想到記錄聲音：寫下聲波而非言語。那一建構性的隱喻使他得以做出第一個飛躍，比他的同儕領先數年，但它也可能使他無法做出第二個飛躍。言詞一旦被轉化為速寫代碼，在代碼裡捕捉到的資訊，即由懂得該代碼的讀者予以破譯。斯科特認為同樣的情形會發生在他的語音描記器上。這部機器會把波形描刻在炭黑上，描畫針的每個抽動都相應於人聲所發出的某個音位。然後人會學習「看懂」那些波形曲線，一如人已學會看懂速記的波形曲線。

從某個意義上，斯科特根本無意發明聲音記錄裝置。他想發明的是最佳抄錄裝置，前提是你得懂得整套新語言，才能看懂抄本。

事後來看，這個構想並不是很離譜。事實表明，人特別善於學習認出圖像模式；我們把字母表內化得非常透澈，因而一旦懂得如何讀它，我們連想都不用想就知道怎麼讀。那麼，一旦能把聲波記錄在紙頁上，聲波又會有何不同？

遺憾的是，人類的神經工具組似乎不包含憑目視讀出聲波的能力。斯科特的發明問世迄今已一百五十年，我們對聲音的藝術與科學的掌握程度，已到了若斯科特地下有知會大吃一驚的程度。但我們之中沒有人有辦法憑目視看懂印出的聲波所記錄的言語。那是場很高明的賭博，但最終輸掉了賭注。如果我們要解碼記錄下的聲音，需要將它轉化回聲音，這樣我們才能透過耳膜，而非透過視網膜，予以解碼。

我們或許看不懂波形，但我們也不是懶人。斯科特發明其機器後的一百五十年裡，我們的確發明出一種能「看懂」波形的圖像，並將其轉化回聲音的機器，亦即電腦。就在幾年前，由大衛·喬凡諾尼（David Giovannoni）、派翠克·費斯特（Patrick Feaster）、米根·亨尼西（Meagan Hennessey）、理查·馬丁（Richard Martin）組成的聲音歷史學家團體，在巴黎的科學院發現一批斯科特的語音描記器，包括一台一八六〇年四月且保存出奇完好的該機器。喬凡諾尼和其同僚仔細檢視了在林肯仍在世時首度被描記在炭黑上的那些暗淡、不規則的線條。他們把那些圖像轉化為數位波形，然後透過電腦喇叭予以回放。

最初他們以為聽到的是女人的聲音，唱著法國民歌〈月光〉（Au clair de la lune），後來才清楚他們以高出其錄製速度一倍的速度回放這段錄音。降到正確的回放速度後，男人的聲音從啪啪、嘶嘶的雜音中浮現：已作古的愛德華—萊昂·斯科特·德·馬丁維爾在唱歌。

可想而知，這段錄音品質不是很理想，即使照正確速度播放亦然。其中大部分段落，錄音裝置的嘈雜噪聲蓋過斯科特的聲音。但即使這一看似美中不足的缺陷，都突顯了這次錄音的重大歷史意義。退化音訊的奇怪嘶嘶聲和消衰，在二十世紀人聽來只覺得稀鬆平常。但這些聲音不是自然裡出現的聲音。聲波在自然環境裡衰減、回響、壓縮，但不會分解為雜亂的機械噪聲。靜電聲是現代的聲音。斯科特頭一個捕捉到它，儘管一百五十年後才放出來而為人所聽到。

但後來的發展表明，斯科特的盲點不會是一條十足的死胡同。他申請專利十五年後，另一位發明家拿語音描記器做實驗，修改斯科特的原始設計，配上從解剖用的屍體取來的一只人耳，以更深入了解傳聲效果。在小幅修改中，他想到一個既可捕捉到聲音，也可傳送聲音的方法。這人就是亞歷山大・格雷厄姆・貝爾。

貝爾×電話機：私密的一對一發聲模式

出於某種原因，聲音技術似乎使最先進的聲音技術先驅產生某種奇怪的耳聾。有些新工具問世，用新方式分享或傳送聲音，而其發明者老是費了好一番工夫，才想出人們最終會如何使用那工具。愛迪生完善斯科特的原始計畫，一八七七年發明留聲機時，他以為那會常被人用來透過郵政系統寄送音頻信件。個人會把他們要寄出的信息記錄在留聲機的蠟筒上，然後把蠟筒丟進郵車裡，數日後回放出來。貝爾發明電話機時，犯下一個與實際發展大相逕庭的誤判，他以為電話機的主要用途之一會是充當分享現場音樂的媒介：樂團或歌手坐在電話線的另一頭，聽者舒服坐著，欣賞從另一頭的電話筒傳出的聲音。於是，這兩位大名鼎鼎的發明家把用途完全搞反了：人們最終用留聲機來聽音樂，用電話機來與朋友聯絡。

作為媒介的一種，電話機最類似於一對一的郵政網。在接下來步入的大眾媒體時代，新通信平台不可避免被拉往大媒體創造者的模式和消費者被動接收的方向。在電子郵件於一百多年後問世之前，電話系統始終是較私密（一對一，非一對多）的通信模式。電話機問世的影響非常大且多方面。國際電話把世界更緊密拉在一塊，儘管把我們連在一塊的線，一直到晚近都很細。跨大西洋線路的鋪設，使北美洲、歐洲的尋常百姓得以跨洋聯絡，而第一條跨大西洋線路，一九五六年才鋪設。這一系統的初始結構，可容許二十四通電話同時運行。那是五十年前可供兩塊大陸間語音交談的總頻寬：數千萬人能發聲，一次卻只能進行二十四場交談。有趣的是，世上最著名的電話機，在白宮與克里姆林宮間提供熱線的「紅色電話機」，最初根本不是電話機。古巴飛彈危機時，美蘇雙方溝通品質的不良，差點使我們身陷核戰，有鑑於此，美蘇設立了這條熱線，但這條熱線其實是個能使兩大強權將信息快速安全傳給對方的一台電傳打字機。打電話溝通被認為風險太大，因為中間卡著及時翻譯的麻煩。

電話機也協助促成較不顯而易見的轉變。它使「哈囉」一詞（交談的起始語詞）的現代意涵普及化，使它成為全球最通行的語詞之一。電話交換台成為女人躋身「職業」階級的初期門徑之一（一九四〇年代中期光是AT&T就雇用了二十五萬名女人）。AT&T高階主管約翰・卡爾蒂（John J. Carty）於一九〇八年主張，電話對建造摩天大樓一事的影響，和升降梯一樣大：

說貝爾和他的繼任者是現代商業建築摩天大樓的創始人，或許有人會覺得離譜。但別遽下論斷。看看勝家大樓、熨斗大樓、Broad Exchange大樓、三一教堂或其他任何一棟巨型辦公大樓。你想每天有多少信息出入那些大樓？想想沒有電話，每個信息都得由個人信使傳送？想想那些不可或缺的升降梯要騰出多少空間給辦公室？這樣的結構從經濟角度看行不通。

但電話機的最重要遺產或許存在於由它而來的一個奇怪、不可思議的組織：貝爾實驗室。在創造二十世紀幾乎所有的重大技術，這個組織都扮演關鍵角色。收音機、真空管、電晶體、電視、太陽能電池、同軸電纜、雷射光、微處理器、電腦、手機、光纖——這些基本的現代生活工具，全都濫觴於在貝爾實驗室產生的點子。它被稱作「點子工廠」，絕非浪得虛名。貝爾實驗室耐人尋味之處，不是它發明了什麼東西（這問題的答案很簡單：幾乎所有東西）；真正值得探究的，乃是為何貝爾實驗室能創造出二十世紀如此多重大技術。探討貝爾實驗室歷史的權威之作，瓊恩・葛特納（Jon Gertner）的《點子工廠》（*The Idea Factory*），揭露了這個實驗室取得舉世無匹之成就的奧祕所在。關鍵不只在人才濟濟、容忍失敗、肯下大賭注——愛迪生在加州門洛公園（Menlo Park）市的著名實驗室，還有世界各地的其他研究實驗室，也都具有這些特性。貝爾實驗室之所以徹底與眾不同，既與它所吸引來的天才有關，也與反托辣斯法有同樣密切的關係。

早自一九一三年起，AT&T就為其獨家控制全國電話服務一事與美國政府鬥爭。獨占的確是鐵的事實。整個一九三〇至一九八四年間，只要在美國境內打電話，幾乎全都使用AT&T的電話網絡。獨占事業使該公司獲利極大，因為未遭遇足以構成威脅的競爭對手。但七十年來，AT&T讓管制官員相信電話網絡是「理所當然的獨占事業」和不得不然的獨占事業。類比電話迴路太複雜，非互相競爭、各行其是的諸多公司所能經營；如果美國人想要有可靠的電話網絡，就需由單單一家公司經營該網絡。最後，司法部的反托辣斯律師擬出有趣的折衷方案，並於一九五六年正式定案。AT&T將獲准繼續獨占電話業務，但貝爾實驗室任何已獲專利保護的發明，此後都得無償准許任何認為該專利對己有用的美國各家公司使用，此後任何新專利都得在索取小額費用下准許美國各家公司使用。政府此舉形同告訴AT&T，它能保有自己的獲利，但得交出其構想作為回報。

那是絕無僅有的一項安排，我們此後不可能再看到的安排。獨占權使該公司擁有簡直無窮無盡的信託資金用於研究，但從該研究出來的每個有趣的構想都可為其他公司所立即採用。戰後美國發明那麼多新電子器件，從電晶體到電腦到手機，這一輝煌成就歸根結底都源於一九五六年那個協議。拜反托辣斯決議案之賜，貝爾實驗室成為資本主義史上最奇怪的混合體：產生新點子的龐然獲利機器，而且那些新點子實際上為社會所有。美國人得定期繳納特定金額給AT&T，以取得電話服務，但AT&T的創新發明為每個人所共有。

貝爾實驗室史上最具改變作用的重大成就之一，出現在一九五六年協議前那幾年。出於不難理解的原由，這一重大成就當時幾乎未受到注意；它最終催生出的革命性劇變，要在將近五十年後才發生，且其存在屬國家機密，保密程度幾乎和曼哈頓計畫[1]的保密程度一樣高。這一重大成就仍舊是史上的重大事件，而且同樣肇始於人的聲音。

貝爾實驗室的開山基石，貝爾發明的電話機，帶領我們跨過技術史上一道關鍵門檻：實體世界的某些成分被以電能直接呈現。（電報把人造符號轉化為電，但聲音既是文化的一部分，也是自然的一部分。）人對著話筒講話，產生聲波，聲波變成電脈衝，然後在電話線另一端變回聲波。從某個方面說，聲音是第一個被電氣化的人類官能。（拜同一期間的燈泡之賜，電助我們把世界看得更清楚，但要再過幾十年，電才能記錄或傳送我們所見到的。）那些聲波一旦化為電，就能以驚人高速傳送極長距離。

---

1 曼哈頓計畫（Manhattan Project），美國在一九四二年至一九四六年第二次世界大戰期間，研究核子武器的計畫。

那些電信號雖然神奇，卻非萬無一失。透過銅線從某城傳送到另一城時，它們易衰敗、流失信號、生出雜音。誠如後面會提到的，放大器有助於對付這問題，能在信號行經線路時增強信號。但最終的追求是純粹的信號，聲音的完全呈現，聲音在電話網絡裡傳送時不會衰變。有趣的是，通往那一目標的路徑始於另一個目標：不是保持人聲的純粹，而是使人聲不被他人聽到。

綠色大黃蜂×無線電：「數位時代」開始了

二次大戰期間，著名數學家艾倫．圖靈（Alan Turing）和貝爾實驗室的克拉克（A. B. Clark）合力打造一安全的通信線路。這一線路，以SIGSALY為代號，用數學表現人所發出的聲波。SIGSALY一秒記錄聲波兩萬次，捕捉到那一刻聲波的振幅和頻率。但它不是透過將聲波轉化為電信號和蠟筒上的溝槽來記錄聲波，而是把資訊轉化為數字，以二進制代碼0與1替資訊編碼。事實上，在此用「記錄」一詞用得不對。他們使用一個將會在五十年後為嘻哈和電子音樂家所普遍使用的詞語，把這過程稱作「取樣」（sampling）。他們實際上以每秒兩萬次的速度替聲波拍照，只是那些拍下的畫面用0與1寫下：數位的，而非類比的。

用數位樣本來傳送聲波，使聲波的安全傳送變得容易許多——想找到傳統類比信號者，只會聽到猛然發出的數位噪聲（SIGSALY化名「綠色大黃蜂」，因為原始資訊聽來像嗡嗡響的黃蜂）。數位信號的數學加密，也能比類比信號有效得多。德國人攔截並記錄了許多小時的SIGSALY傳送信息，卻一直未能將它們破譯。

SIGSALY由美國陸軍通信部隊（Army Signal Corps）的特設單位創立，由貝爾實驗室的研究人員主持，一九四三年七月十五日開始運作，在美國五角大廈和倫敦間完成一通劃時代的跨大西洋電話。這通電話接通後，貝爾實驗室主持人巴克利（O. E. Buckley）博士先以如下的開場白，介紹SIGSALY所代表的技術突破，再談及較為迫切的軍事戰略問題：

我們今日在華府和倫敦一起開啟一項新服務，保密電話。那是攸關作戰成敗的一件大事，而且在此的其他人比我更能給予此事正確的評價。在此我要指出，作為一項技術成就，它肯定是電話通信技術上的重大進展。它不只代表了長期所追求之目標的實現，即完全保密的無線電話傳送，還代表了很可能有長遠影響的電話傳輸新方法的第一次實際應用。

其實巴克利低估了那些「新方法」的重要性。SIGSALY不只是電話學上的一個里程碑，它還是媒體、通信史上的分水嶺：我們的體驗首次被數位化。SIGSALY背後的技術，會在供應保密通信線路上繼續發揮功用。但它所釋放、破壞力十足的力量，將來自它所擁有的另一個奇妙特性：數位複製能做到完美的複製。只要具備正確的設備，聲音的數位樣本可以完全忠實的傳送、複製。現今媒體世界那麼多動盪——音樂事業的重新改造（始於Napster之類的檔案分享服務）、串流媒體的興起、傳統電視頻道的垮台——追本溯源，都源於「綠色大黃蜂」的數位嗡嗡聲。如果日後的機器人歷史學家得標出「數位時代」開始的日子（相當於計算領域的國慶日），一九四三年七月那通跨大西洋電話，肯定是最有資格的日子。我們欲重現人聲的念頭，再一次擴大了「鄰近可能」。我們對世界的體驗首度開始數位化。

德富雷斯特×無線電廣播：非裔美國人的文化進入白人家客廳

由於貝爾實驗室所協助創造的另一項重大通信成就——無線電，SIGSALY 的數位樣本得以傳送到大西洋彼岸。無線電最終成為充斥人之說話聲或歌聲的媒體：有趣的是，一開始卻不是朝那個方向發展。最早幾次成功的無線電傳輸，由古利耶摩．馬爾科尼（Guglielmo Marconi）和其他幾位約略同時的發明家在十九世紀最後幾十年創造出來，幾乎全都是為了傳送摩斯密碼（馬爾科尼把他的發明稱作「無線電報」）。但資訊一旦開始透過電波傳送，不久就有嘗試修改者和研究實驗室開始思考如何把人講的話和歌聲加入透過電波傳送的資訊裡。

李．德富雷斯特（Lee De Forest），二十世紀最出色、最古怪的發明家之一，就是其中一位嘗試修改者。德富雷斯特在他位於芝加哥的家中實驗室工作，想著把馬爾科尼的無線電報與貝爾的電話結合在一塊。最初他拿火花隙式發射機（spark-gap transmitter）做一連串試驗。這種發射器創造出明亮、單調、能被數哩外天線偵測到的電磁能脈衝，極適於發送摩斯密碼。有天夜裡，德富雷斯特引發一連串脈衝時，注意到整個房間發生奇怪的事：每次他創造出火花，煤氣燈裡的火焰就變白變大。德富雷斯特認為電磁脈衝使火焰燒得更烈。閃爍不定的煤氣火光使德富雷斯特浮現一想法：煤氣可用來強化薄弱的無線電接收，或許可使其強到足以傳送含有更多資訊的言語信號，而非只是斷斷續續的摩斯密碼脈衝。後來他以一貫的浮誇寫道：「我發現了一個非肉眼所能見到的空中帝國，它觸摸不到，但堅硬如花崗岩。」

經過幾年的摸索試驗，德富雷斯特選定一只裝滿煤氣的燈泡，燈泡含有三個用來增強進來的無線信號且嚴謹配置的電極。他把這個燈泡稱作「三極管」（Audion）。作為言語的傳送器，三極管的功率剛剛好足以傳送清楚的信號。一九一〇年，德富雷斯特使用一台裝配了三極管的無線電裝置，完成有史以來第一次由船至岸的人聲廣播。但德富雷斯特對其裝置的寄望遠不止於此。在他所想像的世界，他的無線技術不只用於軍事、商業通信，還用於大眾享受，尤其是使他所熱愛的歌劇能為每個人所欣賞。「我期盼有那麼一天，歌劇可進到家家戶戶，」他告訴《紐約時報》，還以較沒那麼浪漫的口吻說：「甚至有一天，廣告會透過無線傳送出去。」

一九一〇年一月十三日，紐約大都會歌劇院演出《托斯卡》（*Tosca*）期間，德富雷斯特把表演廳的一個送話器裝在屋頂的一台發射器上，以完成第一次公共的無線電實況廣播。德富雷斯特堪稱最富詩意的現代發明家，後來如此描述他所想像的廣播遠景：「乙太波通過那些最高大樓的上方和其間大樓的上方，未察覺到經過它們身旁的無聲語音……而當它向他說話，某個深受喜愛的世間樂曲的旋律響起，他生起讚嘆之感。」

但這第一場廣播招來的嘲笑多過讚嘆。德富雷斯特在紐約市多處安裝了無線電接收器，並邀了大批記者和貴賓透過那些接收器聆聽廣播。信號並不清楚，他們聽到近似「大黃蜂」嗡嗡聲、讓人聽不懂的聲音，而非聽到一首深受喜愛的世間樂曲旋律。《紐約時報》說這場激動人心的活動「一場糊塗」。德富雷斯特甚至遭檢察官以詐欺罪起訴，指控他高估三極管在無線技術上的用處，然後遭短暫拘押。德富雷斯特需要錢打官司，於是把三極管專利便宜賣給AT&T。

貝爾實驗室的研究人員開始研究三極管，隨之發現一不尋常之處：李．德富雷斯特對他所要發明的東西，從一開始就大部分理解錯誤。煤氣火焰變大一事與電磁輻射無關，那是來自火花高噪聲的聲波所造成。煤氣根本未偵測到也未增強無線電信號，事實上煤氣反倒減弱該裝置的功效。

但在德富雷斯特所積累的種種錯誤後面，有個漂亮的點子等著現身。接下來十年期間，貝爾實驗室和其他地方的工程師修正他的基本三極管設計，把煤氣抽離燈泡，使燈泡裡完全真空，將它改造為既是發送器，也是接收器。真空管於焉誕生。那是電子革命的第一項重大成就，幾乎任何需要用到電子信號的技術，透過真空管，其電子信號都會得到強化。電視、雷達、唱片、吉他擴大器、X光、微波爐、SIGSALY的「保密電話」、最早的數位計算器，這些東西全都倚賴真空管。但第一個把真空管帶進家庭的主流技術是無線電。從某個方面說，它是德富雷斯特夢想的實現：一個將深受喜愛的樂曲透過空中傳輸，送進家戶客廳的帝國。但德富雷斯特的遠景將再度受挫於現實世界。開始透過那些神奇裝置播放出來的樂曲，深受幾乎所有人喜愛，偏偏德富雷斯特不喜歡。

無線電問世之初是個雙向媒體，一種至今仍可在火腿族裡見到的習慣：具有特定嗜好的個人透過電波彼此交談，偶爾偷聽他人的交談。但日後支配這技術的廣播模式，一九二〇年代初期已發展出來。專業電台開始向在家裡收聽無線電接收機的消費者發送整套的消息和娛樂。某種完全出乎意料的東西幾乎立即就出現：傳送聲音的大眾媒體，在美國催生出新一類的音樂，一種在那之前幾乎只屬於紐奧良，只屬於美國南方河畔城鎮，只屬於紐約市、芝加哥市黑人居住區的音樂。幾乎一夜之間，無線電接收機就使爵士樂風靡全國。艾靈頓公爵（Duke Ellington）和路易・阿姆斯壯（Louis Armstrong）等音樂家成為家喻戶曉的名人。艾靈頓的樂團從一九二〇年代晚期開始，每週從哈林區的棉花俱樂部向全國廣播其演出；阿姆斯壯在不久後成為第一位主持全國性廣播節目的非裔美國人。

這一切令李・德富雷斯特大為驚駭，他寫了一篇講究藻繪的文章，譴責全國廣播業者協會：「你們怎麼這樣對待我的小孩，無線電廣播？你們貶損這個小孩，讓他穿上散拍樂[2]的破衣服，穿上搖擺樂[3]和布基伍基[4]樂曲的破衣服。」事實上，德富雷斯特所協助發明的技術，本質上適合播放爵士樂更甚於古典音樂。爵士樂透過音質扁而尖細的早期AM收音機揚聲器播放出來；交響樂多樣的動態細節在轉化過程中則大部分消失。同樣透過收音機播放，路易・阿姆斯壯吹出的小號聲，比幽微細緻的舒伯特樂曲，能有更佳的呈現。

爵士樂與收音機的相會，實際上創造出日後將席捲二十世紀社會的一連串文化浪潮的第一道浪潮。原本一直在世上的某個小角落——就爵士樂來說，在紐奧良——慢慢發展的新聲音，流進收音機這個大眾媒體，惹得成年人不快，令小孩子興奮。爵士樂最初開闢出的管道，最後會充斥來自孟斐斯的搖滾樂、來自利物浦的英國流行樂、來自美國中南部和布魯克林的饒舌和嘻哈。收音機與音樂的交會，似乎以電視或電影未能做到的方式助長這一模式：共享音樂的全國性媒體出現後不久，聲音的次文化就開始在那媒體上蓬勃發展。收音機問世前有「地下」藝術家（詩人和畫家），但收音機協助打造出一個日後會變得司空見慣的模式：一夜成名的地下藝術家。

當然，就爵士樂來說，另有一重要元素。一夜成名者大部分是非裔美國人：艾靈頓、阿姆斯壯、艾拉．費茲傑拉德（Ella Fitzgerald）、比莉．哈樂

2 散拍樂（ragtime），一種在十九世紀末、二十世紀初在美國十分普遍的音樂風格，主要特點是融入切分音節拍。

3 搖擺樂（jive），一九二〇年代，一種狂熱的即興爵士樂。

4 布基伍基（boogie-woogie），一種類似爵士的黑人音樂。

黛（Billie Holiday）。那是個重大突破：美國白人首度歡迎非裔美國人的文化進入自家客廳，儘管是透過AM收音機的揚聲器。隨著爵士樂明星的誕生，在以白人為主的美國境內，出現了有名有錢且以娛樂本事而非伸張黑人權益的作為受到尊崇的非裔美國人。當然，其中許多音樂家也成為伸張黑人權益的健將，在歌曲裡表達黑人的心聲，比如比莉・哈樂黛的〈怪水果〉（Strange Fruit），講述南方黑人遭暴民以私刑處死的悲痛故事。無線電信號讓他們感受到某種自由，且在真實世界的確具有解放的效果。那些無線電波無視於當時的社會區隔：黑人與白人世界間的區隔，不同經濟階級間的區隔。無線電信號眼裡沒有顏色之分。一如網際網路，它們未打破藩籬，而是置身在一個與藩籬沒有瓜葛的世界裡。

民權運動的誕生，與爵士樂在美國全境的傳播密不可分。對許多美國人來說，那是大體上由非裔美國人打造出來，美國黑人與白人之間第一個共同的文化基礎。它本身大大打擊了種族隔離。馬丁・路德・金恩於一九六四年在柏林爵士音樂節發表的看法，清楚說明了其中的關聯：

美國黑人追尋認同之舉，有極大比例受到爵士音樂家的鼓吹，並不足為奇。早在現代散文家和學者在筆下將「種族身分」當成多種族世界問題之前許久，音樂家就返回自己的根源，以確認在他們靈魂裡騷動的是什麼。美國境內「自由運動」的力量大多來自這種音樂。它在我們的勇氣開始消失時以其悅耳的節奏增強我們的信心，在我們意志消沉時以其豐富的和聲平靜我們的心情。如今，爵士樂外銷世界。

與二十世紀許多政治人物一樣，金恩因另一個原因而受惠於真空管。德富雷斯特和貝爾實驗室開始用真空管促成無線電廣播之後不久，有人利用這一技術在更為貼近人的環境裡放大人聲：把功率擴大器接到麥克風上，使人得以向廣大群眾講話或唱歌，為人類史上所首見。真空管擴大器最終使我們得以擺脫自新石器時代以來一直是主流的聲音工程的束縛，我們不必再倚賴洞穴、大教堂或歌劇院的回響，就能放大我們發出的聲音。這時，電能發揮回音的作用，且功率強上千倍。

擴音創造出一種全新的政治活動：以個人演說者為中心的群眾大會。在此前一百五十年，群眾一直扮演促成政治劇變的主要角色；如果說二十世紀前的革命有個招牌形象，那就是一七八九年或一八四八年占領街頭的大批民眾。但擴音攫住擁擠群眾的注意力，給了他們一個焦點：迴盪在廣場上或體育場裡或公園裡的領袖語音。真空管擴大器問世之前，人類聲帶的局限，使人難以同時對一千多人講話。（歌劇精巧的發聲方式，從許多方面來看，意在從人聲的生物性局限中發出最大音量。）但接上多個揚聲器的麥克風，把聽力可及的範圍增加了數個量級。沒人比阿道夫・希特勒更快明白，且善用這一新力量。在紐倫堡的群眾大會上，他向十多萬的追隨者講話，在場眾人個個聚精會神聆聽經放大播出的元首語音。從二十世紀技術的工具箱拿走麥克風和擴大器，就是拿走該世紀特有的一種政治組織，從紐倫堡到「我有個夢」[5]。

真空管擴大作用也在音樂界促成一種與政治性群眾大會同樣的活動：紐約謝亞球場（Shea Stadium）的披頭四演唱會、胡士托音樂節、為衣索匹亞大飢荒籌資救濟的Live Aid演唱會。但真空管技術的特質也對二十世紀音樂帶來一較不易察覺的影響——使它不只變大聲，也變吵。

一輩子置身後工業時代的我們，不易理解工業化的聲音對一、兩百年前人耳的衝擊有多大。以前聞所未聞的種種不和諧聲音，突然進入日常生活領域，尤以在大城市裡為然：金屬與金屬相撞的鏗鏘聲；蒸汽引擎的白噪聲。從許多方面來看，這些嘈雜聲就和大城市的人群、氣味一樣令人震驚。到了一九二〇年代，隨著用電力擴大的聲音開始加入城市喧囂的行列，曼哈頓的噪音減少協會（Noise Abating Society）之類的組織，開始提倡較寧靜的都會。貝爾實驗室工程師哈維．佛萊徹（Harvey Fletcher）支持該協會的訴求，打造了一輛安裝了最先進聲音設備的卡車，車上載著貝爾實驗室的工程師，在紐約最嘈雜的地方慢慢行駛，測量音量（音量的測量單位——分貝，

5「我有個夢」（I Have a Dream），美國民權運動領袖馬丁．路德．金恩於一九六三年在華盛頓林肯紀念堂台階前所發表的一場公開演說，在場聆聽的支持者多達二十五萬人。

出自佛萊徹的研究）。佛萊徹和他的團隊發現，有些城市聲音，如工地的打釘鑽孔聲、地鐵的轟轟聲，全都逼近令人耳痛的音量水平。在人稱「無線電街」（Radio Row）的科特蘭特街（Cortlandt Street），店家正面展示最新款的無線電揚聲器，其放出的聲音大到把高架火車的行駛聲都蓋過去。

但減少噪音團體透過管制規定和公共運動對抗現代噪音時，另一個反應出現。人耳未反感於噪音，反倒開始從中找到美感。自十九世紀初期以來，日復一日的日常生活體驗，實質上讓人在耳濡目染中慢慢接受了噪音美學。但最終把噪音帶給大眾的，乃是真空管。

從一九五〇年代起，透過真空管擴大器演奏的吉他手注意到，他們能藉由過度驅動擴大器，製造出一種前所未見的迷人聲音：在撥弄吉他弦所產生的樂音之上，製造出一層清脆的雜音。嚴格來講，這是擴大器功能失常的聲音，扭曲了它原本設計所要製造的聲音。在大部分人聽來，那像是擴大器出毛病的聲音，但有一小群音樂家開始聽到那聲音中的迷人之處。一九五〇年代的幾份早期搖滾樂唱片，在吉他音軌上具有數量不多的失真，但噪音藝術要到六〇年代才會真正迅速發展。一九六〇年七月，貝斯手葛雷迪・馬丁（Grady Martin）為馬提・羅賓斯（Marty Robbins）的歌曲〈別擔心〉（Don't Worry）錄製連複段時，他的擴大器功能失常，發出失真極嚴重的聲音，即今人稱作「糊調」（fuzz tone）的聲音。最初羅賓斯想把這聲音從歌曲裡移除，但製作人說服他保留下來。「沒人聽得懂那聲音，因為它聽來像薩克斯風，」羅賓斯於數年後說道：「聽來像是噴射機起飛的聲音。它有許多種聲音。」另一個名叫「投機者」（Ventures）的樂團，受到馬丁連複段古怪、無法歸類的噪音啟發，要友人造出一個能把模糊效果刻意加進去的裝置。不到一年，就有失真效果器在市面上販售；不到三年，基思・理察茲（Keith Richards）就在〈滿足〉（Satisfaction）開頭的連複段裡塞進許多失真效果，六〇年代的招牌聲音就此誕生。

在一種新奇且最初不入耳的聲音上，出現類似的發展模式。這一聲音發生於經擴大的揚聲器和麥克風共享同一實體空間時：漩流式、尖銳刺耳的回饋噪音。失真是種至少聽來和十八世紀首度出現的工業聲音有某種程度類似的聲音，於是而有葛雷迪·馬丁低音線（bass line）的「噴射引擎」調。但回饋噪音是全新的東西；在揚聲器和麥克風於約一個世紀前發明之前，它未以任何形態存在。聲音工程師會盡力消除來自唱片或音樂會現場的回饋噪音，調整麥克風位置，以免麥克風拾起來自揚聲器的信號，造成無限迴圈的尖銳刺耳回饋噪音。同樣地，一人的失常再度造就另一人的音樂，吉米·亨德里克斯（Jimi Hendrix）或齊柏林飛船（Led Zeppelin）等藝術家，以及後來音速青春（Sonic Youth）之類的龐克實驗主義者，在他們的唱片和演出中擁抱這聲音。從實際的角度看，亨德里克斯不只在一九六〇年代晚期那些充斥回饋噪音的唱片裡彈吉他，還創造出一個新聲音。那個新聲音利用了吉他弦的振動、吉他身上類似麥克風的拾音器、揚聲器，以這三個技術之間複雜、無法預測的互動為基礎。

有時，文化性創新來自以出乎意料的方式運用新技術。德富雷斯特和貝爾實驗室提出真空管的初期草圖時，沒有發明群眾大會的意圖，但事實證明，一旦有了擴音設備，使一人的聲音為眾人所聽到，開群眾大會就不是難事。但有時，創新來自較讓人意想不到的路徑：藉由刻意運用功能失常的現象，把噪音和誤失轉化為有用的信號。每個充滿新意的新技術都有充滿新意的新打破方法，那些功能失常之事常常為「鄰近可能」打開一道新門。就真空管來說，它使我們的耳朵習慣於聆聽肯定會讓李．德富雷斯特驚駭大退的聲音。有時，新技術的打破方式幾乎就和它運作的方式一樣有趣。

范信達╳振盪器：五四〇赫茲聲波

從在勃艮第洞穴裡吟詠的尼安德塔人，到對著自己的語音描記器哼唱的愛德華—萊昂．斯科特．德．馬丁維爾，再到從棉花俱樂部廣播演出的艾靈頓公爵，聲音技術的故事一直繞著擴大人聲和人耳之範圍與強度在打轉。但最出人意表的轉折，出現於一百年前，人類首度了解到可利用聲音來達成別的目的之時——助人看清楚事物。

人類自古即利用光來向船員標示危險海岸線所在；亞歷山卓的燈塔，造於西元前數百年，是世上最早的七大奇觀之一。但在最需要燈塔時，燈塔反倒功效不彰：暴風雨時，燈塔所發出的光被大霧和雨遮掩。許多燈塔使用示警鐘作為額外信號，但鐘聲也可能一下子就被洶湧波濤聲蓋過。但事實表明聲波有一耐人尋味的物理特性：它們在水下的傳播速度是在空氣中的四倍，而且大體未受到海平面上的聲波混亂干擾。

一九〇一年，總部設在波士頓的水下信號公司（Submarine Signal Company）開始製造一套利用水中聲波這一特性的通信工具：以固定頻率發出鐘聲的水下鐘，以及特別設計用來水下收音的麥克風，即「水下測音器」（hydrophone）。水下信號公司在世界各地特別危險的港灣或水道，設了一百多個站，裝配了該公司水下測音器的船隻，在那些危險水域航行時若太靠近岩石或淺水區，水下鐘即會向船隻示警。這個系統極具巧思，但有其局限。首先，它只在該公司安裝了示警鐘的水域運作，而且在偵測較不可預測的危險（其他船隻或冰山）上完全不管用。

一九一二年四月，「鐵達尼」號在北大西洋沉沒，使冰山對海上旅行的威脅更清楚呈現於世人眼前。該船沉沒前幾天，加拿大發明家范信達（Reginald Fessenden）在某火車站遇見一名來自水下信號公司的工程師，短暫交談之後，兩人約定某日范信達到該公司辦公室觀看最新的水下信號發送技術。范信達原就是無線電先驅，完成了人類史上首次的人類語音無線電傳送與第一次跨大西洋的雙向摩斯密碼無線電傳送。他具備那一專門技術，水下信號公司於是請他幫忙設計水下測音系統，以更有效濾除水下傳聲的背景噪音。造訪水下信號公司四天後，范信達聽到「鐵達尼」號沉沒的消息，和世上其他人一樣震驚，但與其他人不同的，他對日後如何避免再發生這類悲劇，有了一個構想。

范信達借助他在無線電報方面的經驗，提出第一個建議：用連續不斷、電力驅動、可用來發射摩斯密碼的音調取代鐘。他摸索這一可能性，了解到這套系統的功用可以更大上許多。范信達的裝置，不是只傾聽由特別設計、安裝的示警桿發出的聲音，而是從船上自己發出聲音，然後傾聽那些新聲音在水中撞到物體後反彈的回音，手法就和海豚利用回聲定位在海中安然巡游差不多。范信達利用某些原理（即把洞穴吟詠者吸引到屈爾河畔阿爾西洞穴中回響特別強烈區段的原理），調整這一裝置，使它只回響頻譜的一小段，即五四〇赫茲左右的頻段，而忽略水下環境的背景噪音。他最初替這裝置取了頗令人不安的名字：「振動器」（vibrator），但幾個月後，把它定名為「范信達振盪器」（Fessenden Oscillator）。那是個既可發送，也可接收水下電報的裝置，世上第一個實用的聲納裝置。

世界性重大事件發生的時機，再一次突顯世人對范信達所發明裝置的需要。他完成第一部可運行的原型機後才一年，一次世界大戰爆發。巡行北大西洋的德國潛艇，對海上旅行的威脅更大於令「鐵達尼」號沉沒的冰山。對范信達來說，這威脅特別嚴重。身為加拿大公民，他對大英帝國懷有狂熱的愛國心。（他似乎也近似於種族主義者，後來在其回憶錄針對為何「金髮英格蘭裔男子」在現代創新上占據如此舉足輕重的地位，提出他的說法。）但美國還要兩年才會參戰，水下信號公司的高階主管未像他那樣忠於英國。面對研發兩項革命性新技術所帶來的財務風險，該公司決定把振盪器單單定位為無線電報裝置來建造和行銷。

范信達最後自掏腰包來到英格蘭的樸茨茅斯，勸皇家海軍投資他的振盪器，但他們也對這一神奇發明的功效心存懷疑。後來范信達寫道：「我懇求他們只要讓我們打開箱子，讓他們看看這是什麼樣的裝置。」但他的懇求未受理會。聲納要到第二次世界大戰才會成為海戰的標準要件。一九一八年休戰時，有超過一萬人喪命於德國潛艇。英國人和美國人為了防範這些水下掠食者，嘗試了無數種攻勢、守勢措施，諷刺的是，最有用的防守武器非常簡單，即從攻擊船船身反彈回來的五四〇赫茲聲波。

二十世紀下半葉，回聲定位原理遠不只是用來偵測冰山和潛艇。漁船（和業餘漁民）使用各種大同小異的范信達振盪器來掌握魚的行蹤。科學家使用聲納來探索地球海洋最後的重大奧祕，揭露不為人知的地理景觀、天然資源、斷層線。「鐵達尼」號沉沒促使范信達想到發明第一部聲納的八十年後，一隊美、法研究人員使用聲納在大西洋海床上，距水面約三千六百公尺的深處，發現該船遺骸。

但范信達的發明所具有的改變效應，在陸地上表現得最為顯著。利用聲音來查看女人子宮內部情況的超音波裝置，使產前護理產生革命性劇變，使今日的嬰兒和母親不致死於不到百年前會要人命的併發症。范信達原就希望他的構想（用聲音來查看情況）能挽救性命；他未能說服當局將它用於偵查德國潛艇，但振盪器最終在海上和醫院——范信達所從未料到的一個地方，挽救了數百萬條性命。

當然，超音波最為人熟知的用途，涉及懷孕初期胎兒性別的測定。如今我們習於從二進位制的角度來思考資訊：0或1，一個相連或斷掉的迴路。但在人生的種種經歷中，像胎兒性別這樣非此即彼的轉折點並不多。你想要個女孩或男孩？從那個簡單的資訊單元產生多少改變人生的後果？一如我們之中的許多人，我和妻子使用超音波獲知自己小孩的性別。如今我們有別種更精確的辦法來斷定胎兒的性別，但最初，是讓聲波從成長中的胎兒身體彈回，藉此確定胎兒性別。一如在屈爾河畔的阿爾西洞穴裡行走的尼安德塔人，回音帶人前進。

但這項創新有其令人不樂見的一面。在中國等重男輕女的國家，超音波的使用導致因性別墮胎情事愈來愈多。一九八〇年代初期，超音波機器在中國全境廣泛供應，政府於不久後明令禁止使用超音波來斷定性別，但走「後門」使用機器來決定生男生女一事仍然普遍。到了一九八〇年代末，中國全境在醫院出生嬰兒的男女比率已將近一一〇：一〇〇，有些省的比率更高達一一八：一〇〇。這或許是二十世紀技術所產生最令人震驚且悲慘的蜂鳥效應之一：有人造了一台機器，以傾聽從冰山彈回的聲波，幾代以後，數百萬女胎拜那項技術之賜無緣降臨世上。

今日中國失衡的性別比率，除了令人深思墮胎本身（更別提根據性別選擇性墮胎）的問題，還含有數個重大教訓。首先，此事提醒人沒有哪個技術進步是全然有利無害：它既使船隻免於撞上冰山，也使無數胎兒因為少了Y染色體而無緣降世。技術的發展有其內在邏輯，但技術運用合不合乎道德，端看我們自己的選擇。我們能決定用超音波來挽救性命或終結性命；更為厲害的，我們能用超音波來模糊生命的界限，在只有幾星期大的胎兒身上偵測出心跳。在大部分情況下，技術、科學進步的鄰近性（adjacency），決定了我們接下來所能發明的東西。你再怎麼聰明，都無法在發現聲波之前發明超音波裝置。但我們決定如何利用那些發明？那是較複雜的問題，需要另一套技能來回答的問題。

不過，在聲納、超音波的故事裡，還有一個讓人較為樂觀的教訓，那就是我們的巧思能那麼快就跳出陳規的束縛。我們的先民先是在數萬年前注意到回音與反響改變人聲特性的能力；數世紀來，從大教堂到音牆（Wall of Sound），我們使用那些特性來提升我們聲帶的發聲距離和威力。但兩百年前研究聲音物理學的人，恐怕沒人能預料到那些回音會用來追蹤海面下的武器或斷定胎兒性別。最初是人們耳際最動人、最本能的聲音（我們的歌聲、笑聲、與人分享新聞或小道消息的聲音），後來被改造為戰爭與和平的工具，救人和奪人性命的工具。一如真空管擴大器那些失真的哀嚎，它並非總是賞心悅耳的聲音。但事實一再表明它產生出人意表的回響。

第四章

乾淨

過去兩百年人與細菌的戰爭帶來深遠後果：從對泳衣式樣的膚淺追求一直到嬰兒死亡率降低這種實質的改善。我們對微生物致病過程的日益了解，使城市得以衝破從有人類文明以來一直束縛城市的人口上限。一八〇〇年，沒有哪個社會成功打造並維持一個超過兩百萬人口的城市。第一批挑戰這個障礙的城市深深受創於人口密度太高時爆發的疾病。十九世紀中葉許多明智的都市生活觀察家深信，城市不該建造到那樣的規模……當然，今日的問題不是兩百萬人口或千萬人口的城市，而是孟買或聖保羅這類不久後就會有三千萬人口或更多人口的巨大都市。

一八五六年十二月，芝加哥一位中年工程師埃利斯．契斯布勞（Ellis Chesbrough）到大西洋彼岸遊覽歐洲的名勝古蹟。他去了倫敦、巴黎、漢堡、阿姆斯特丹，還有其他六個城鎮，完成一趟經典的「壯遊」。但契斯布勞的壯遊不是為了研究羅浮宮或大笨鐘的建築，而是為了研究一般人見不到的歐洲工程成就。他到那裡研究下水道。

十九世紀中葉的芝加哥，亟需廢棄物清除方面的專門技術。作為把來自大平原的小麥和醃肉運送到沿海城市的運輸中心，芝加哥的角色日益吃重，拜此之賜，它在幾十年間由小村落成長為大城市。但與這時期急速成長的其他城市（例如紐約、倫敦）不同的，芝加哥有個妨礙其發展的特性，那是在人類開始定居該地的數千年前緩慢移動的冰川所留下的遺產：無可救藥的平坦地勢。更新世時期，遼闊冰原從格陵蘭緩緩南移，使今日芝加哥所在的地方覆蓋在厚逾一英里的冰川下。冰融時，形成一遼闊水域，今日地質學家稱之為芝加哥湖。芝加哥湖慢慢變小而形成密西根湖的過程，把冰川所留下的黏土礦床弄平。大部分城市有可靠的斜度，地勢往演化中心的河川或港灣漸漸下降；相對地，芝加哥是個燙衣板——就美國平原區的這座大城來說，很貼切的比喻。

在完全平坦的土地上建造城市，看似非常順利；多山的地形，例如舊金山、開普敦或里約熱內盧的地形，可想而知會帶來較多的工程難題，建造、運輸方面的難題。但平坦地形無法排水。十九世紀中葉，靠地勢高低來排水是都市下水道系統的關鍵要素。芝加哥的地形也苦於排水特別不良；水無處可宣瀉，夏季暴雨能在幾分鐘內使表土變成渾濁的濕地。日後成為芝加哥首任市長的威廉．巴特勒．奧格登（William Butler Ogden），首次涉水走過泡在雨水裡的市區，結果「陷在及膝深的爛泥裡」。他寫信給對這個邊疆城鎮的未來潛力大膽下了賭注，在該鎮買下土地的姻親：「你（這項）購地愚不可及。」一八四〇年代晚期，用木板鋪設的鐵路蓋在泥土上；當時有人記載道，不時會有一塊木板塌陷，「裂縫與裂縫間湧出綠、黑色的黏泥」。衛生清潔工作主要倚賴在街頭遊蕩、四處找東西吃的豬，由牠們吃掉人所留下的垃圾。

一八五〇年代×契斯布勞：抬高城市，埋入污水排放系統

芝加哥的鐵路網和貨運網急速成長，一八五〇年代期間市區擴大了兩倍多。這樣的成長速度使該市的住屋、交通運輸資源吃緊，但最不堪負荷的重擔來自人的排泄物，將近十萬新居民湧入城市，製造的糞便非常可觀。當地某社論寫道：「街溝裡污物漂流，豬隻對著污物抬起鼻子，表情十足反感。」城市的成長與活力始終取決於我們能否處理掉人民聚居後產生的人為廢棄物，只是我們很少想到這一點。從人類聚居之初，找到地方安置糞便，就和找到棲身之處或城鎮廣場或市場的建造方式一樣重要。

在漫無節制成長的城市裡，這問題特別嚴重，在今日巨型都市的貧民區裡就可清楚看到。當然，在十九世紀的芝加哥，有人和牲畜的廢棄物需要處理，牲畜的廢棄物來自街上的馬以及牲畜圍場裡待宰的豬和牛。（「拉什街橋下河水被血染得非常紅，河水經過我們工廠下方，」有位實業家寫道：「那會帶來什麼疫病，我不曉得。」）這些污物不只讓人覺得噁心，還會要人

命。一八五〇年代不時爆發霍亂、痢疾疫情。一八四五年夏天的霍亂疫情期間，一天死掉六十人。當時的政府當局未完全理解廢棄物與疾病間的關係。許多人把疫病歸因於當時盛行的「臭氣」理論，認為傳染病肇因於人們在人口稠密城市吸進的有毒氣體，有時那種氣體被稱作「死霧」。真正的傳播途徑──糞便裡肉眼見不到的細菌污染了供水，要再過十年才會成為常識。

但芝加哥政府當局雖未有充分的細菌學知識，還是看出城市清潔與防治疾病間的基本關聯。一八五五年二月十四日，芝加哥下水道委員會（Chicago Board of Sewerage Commissioners）創立，以處理這項問題。他們的頭一項作為，是宣布徵求「可出任首席工程師之職的當今最能幹工程師」。幾個月後他們找到所要的人，埃利斯・契斯布勞，鐵路公司高級職員之子。此人從事過運河、鐵路工程，這時是波士頓自來水廠的首席工程師。

下水道委員會找對了人。事實證明，契斯布勞在鐵路、運河工程方面的經歷，大有助於解決芝加哥平坦、排水不良的地形問題。建造深入地下的下水道，藉此人為創造出高低差，被認為成本太高：用十九世紀的設備來挖出地下深處的地道並不容易，而且這整個工程最後需要將挖出的廢土石抽回地表。但契斯布勞獨特的經歷有助於他提出一替代方案，讓他想起他年輕鋪設鐵路時見過的一項工具：螺旋千斤頂，一個用來把好幾噸重的火車頭架上軌道的裝置。如果無法往下挖以創造出利於排水的斜度，那何不利用螺旋千斤頂把城市抬高？

契斯布勞有個年輕助手，名叫喬治．普爾曼（George Pullman），此人日後將靠著建造火車車廂發大財。在普爾曼協助下，契斯布勞展開十九世紀最浩大的一項工程。一群工人利用螺旋千斤頂逐個抬高建築，藉此將芝加哥抬高。螺旋千斤頂把建築一吋吋抬高時，工人會在地基下方挖洞，安裝粗木頭予以支撐，磚瓦匠則急忙在建築下方蓋一新的基腳。污水管安插進建築下方，主要污水管線循街道中央線鋪設，然後用疏浚芝加哥河的淤泥予以填埋，最後使整個市區平均抬高將近三公尺。如今行走於芝加哥市鬧區的觀光客，不時驚嘆於該市壯闊天際線上展現的工程本事；他們有所不知的是，他們腳下的地面也是高明工程的產物。（不足為奇的，當參與過如此艱鉅浩大工程的喬治・普爾曼，數十年後著手建造他在伊利諾州的模範工廠鎮普爾曼時，他的第一個作為乃是鋪設污水排放管路和供水線路，然後才動工蓋房子。）

令人吃驚地，契斯布勞的團隊抬高芝加哥的建築時，建築裡的人生活作息大抵如常未受干擾。有位英國訪客觀看了一棟七百五十噸重飯店的抬高過程，在信中描述了這段恍如作夢的經歷：飯店裡「始終有人來來往往、用餐、睡覺，飯店照常營業，完全未被打斷。」隨著工程進行，契斯布勞和其團隊在抬高建築方面愈來愈大膽。一八六〇年，工程師一次抬高半個街區：占地將近一英畝的幾棟五層樓建築，總重據估計達三萬五千噸，由六千多個螺旋千斤頂抬起。還有些建築得抬高並移位，以騰出空間鋪設污水管。有位遊客憶道：「在這城市逗留期間，每一天都碰到一棟或一棟以上的房子遷移。有天碰到九棟。坐馬車行走在大麥迪遜街上時，我們不得不停下兩次，以讓房子移到街的對面。」

結果造就出涵蓋區域居美國諸城市之冠的污水排放系統。不到三十年，就有全國二十多座城市師法芝加哥，規畫並鋪設地下污水排放管網絡。這些巨大的地下工程打造出將成為二十世紀大城市的一個基本藍圖：把城市視為由不可見之地下服務網支持的一個系統。一八六三年，首列蒸汽火車駛過倫敦底下的地下隧道。一九〇〇年巴黎地鐵開通，不久後紐約地鐵開通。行人專用步道、高速公路、電纜、光纜，蜿蜒於城市街道下方。如今，地下存在著與地上世界平行的另一個世界，為它們上方的城市提供動力和支持。而今想到城市時，我們總是直覺性從天際線的角度去思考，看重向天際伸展的市容。但若沒有地下那個不可見的世界，那些堂皇氣派的都市巨構不可能存在。

在那種種成就中，除開地鐵和高速網際網路纜線，最基本且最易遭忽略的成就，乃是一開水龍頭就有一杯乾淨水可喝這個小奇蹟，一個若沒有污水排放系統不可能發生的小奇蹟。一百五十年前，全球各地的城市，喝水就如同玩俄羅斯輪盤賭。想到十九世紀都市最具特色的殺手時，總會自然而然想起令倫敦居民提心吊膽的開膛手傑克；但在維多利亞時代，真正的城市殺手是遭污染的供水所產生的疾病。

契斯布勞芝加哥污水排放計畫的要命缺陷就在此。他獨具匠心想出一個辦法，把廢棄物從街道以及與日常生活密不可分的廁所、地窖帶走，但他的污水管幾乎全導入芝加哥河，而芝加哥河直接注入密西根湖，該市飲用水的主要來源。到了一八七〇年代初期，該市的供水品質已糟糕到往洗滌槽或浴盆注水，裡面不時會布滿魚屍的程度，因為供水被人類的污物污染過，然後被抽進該市水管裡。據某觀察者的說法，夏季，魚「出來時已熟爛，居民的浴缸動不動就注滿神經質市民所謂的海鮮雜燴濃湯。」

厄普頓·辛克萊的小說《叢林》（*The Jungle*），公認是政治行動主義者扒糞傳統最有影響力的文學作品。這本書撼動人心的力量，有一部分來自它對十九、二十世紀之交芝加哥的污穢情況，鉅細靡遺到讓人不忍卒睹的如實描繪。從他對名字取得非常貼切的芝加哥河支流冒泡溪（Bubbly Creek）的描述，即可見一斑：

倒進該溪的油脂和化學物質經歷了種種奇怪的變化，冒泡溪一名因此得來：它不斷在動，好似有大魚在溪裡攝食，或有巨怪在溪裡深處嬉游。含碳氣體的泡泡會升到水面爆開，產生兩或三呎寬的圈圈。油脂和污物到處黏結成塊，這條溪活像熔岩床；雞在那上面四處走，覓食，常有不知情的外人踏足其上，想走到對面，然後一時消失無蹤。

芝加哥的經驗在世界各地重現：污水管把人類廢棄物帶離地下室和後院，但廢棄物往往流入飲用水的水源，若不是像在芝加哥那樣直接流入，就是在大雨期間間接流入。光是從都市層次擬定全市污水管和水管鋪設計畫，不足以使大都市保持乾淨、健康，還需要了解微生物層次所發生的事。我們既需要病菌理論，也需要想辦法使人不受細菌傷害。

一八五〇年代×森梅爾韋斯：外科醫生看病之前不洗手？

回顧醫學界對病菌理論的初步反應，會覺得那反應可笑至極；那根本說不通。有個著名的故事，說匈牙利醫師伊格納茨・森梅爾韋斯（Ignaz Semmelweis）於一八四七年首度提議醫師和外科醫生看病之前應先洗手，結果遭到醫界領導階層無情的嘲笑和批評。（將近五十年後，基本的抗菌作法才得到醫學界普遍接受，那時距森梅爾韋斯丟掉工作並死在精神病院已過了許久。）較不為人知的，森梅爾韋斯以對產褥熱的研究作為他初步論點的根據。得了產褥熱的新生兒媽媽，在生產後不久去世。在維也納的綜合醫院任職時，森梅爾韋斯無意中發現一驚人的自然實驗：該醫院有兩個婦科病房，一個供有錢人住，有醫生和醫學系學生照料，另一個供勞動階級住，由助產士照料。出於某個原因，在勞動階級病房，產褥熱的死亡率低了許多。調查過兩病房的環境後，森梅爾韋斯發現屬於社會菁英的醫生和學生一下子接生，一下子在停屍間研究屍體，顯然有某種傳染原被人從屍體帶到新生兒媽媽身上；使用漂白粉之類的消毒劑，就能中斷傳染循環。

過去一百五十年，我們對乾淨的認知有多大的改變，由森梅爾韋斯的遭遇可得到最驚人的理解：森梅爾韋斯遭到嘲笑和革職，不只因為他甘冒大不雖建議醫生洗手；他遭嘲笑和革職，乃是因為他建議，如果醫生想在同一個下午又接生又解剖屍體，應該洗手。

我們與十九世紀先民在諸多事物的基本認知上大異其趣，而對乾淨的認知就是其一。他們的言行舉止在許多方面類似今人：他們搭火車，排定開會時程，在餐館用餐。但我們與他們之間不時就出現奇怪的落差，不只有技術先進程度上顯而易見的落差，還有觀念上、較不易察覺的落差。在衛生觀念上，我們與他們有數個根本差異。例如，洗澡的觀念與十九世紀大部分歐美人的觀念格格不入。你或許會以為當時人無法接受洗澡，純粹因為當時人不像今日已開發世界的大部分人，有自來水、室內水管、淋浴設備可用。但其實情況比那複雜得多。在歐洲，從中世紀到二十世紀這段期間，幾乎任何時候的主流衛生觀念都認為泡在水裡有害健康，甚至危險。讓土和油堵住毛細孔，據認能使人不致生病。「洗澡使人的腦袋滿是蒸汽，」法國某醫生於一六五五年說：「有害神經和韌帶，使神經和韌帶變鬆，因而許多人唯獨在洗澡後才痛風。」

在有關十七、十八世紀王族的記述中，最能清楚看到這一偏見的威力。以王族的權勢和財力，若要人替他們建造浴缸、備好洗澡水，一聲令下即可如願。但伊莉莎白一世一個月只洗一次澡，而相較於其他國王，她算是有潔癖的了。路易十三直到七歲才洗第一次澡。光著身子坐在水裡，根本不是文明歐洲人所應為之事；洗澡屬於野蠻的中東澡堂傳統，不屬於巴黎或倫敦的貴族。

慢慢地，從十九世紀初期開始，心態轉而改變，尤以在英格蘭和美國最顯著。查爾斯・狄更斯在其倫敦家裡精心建造了一間冷水淋浴間，大力提倡每日淋浴有益身心。新一類自助性書籍和小冊子問世，教人如何洗澡，解說之詳細，在今人看來，猶如教人如何操縱七四七客機降落。在蕭伯納的《賣花女》（*Pygmalion*）中，希金斯教授改造伊萊莎・杜立德的第一步，乃是要她進浴缸。（「你要我進去那個東西裡面，把全身弄得濕答答？」她抗議道：「我不要，會感冒。」）哈麗特・比徹・斯托（Harriet Beecher Stowe）和她的姊姊凱薩琳・比徹（Catharine Beecher）兩人在她們一八六九年出版且富影響力的手冊《美國女人的家》（*The American Woman's Home*）中，提倡每日洗澡。改革者開始在全國各地的都市貧民區興建公共浴室和淋浴間。歷史學家凱瑟琳・艾森堡（Katherine Ashenburg）寫道：「到了本世紀最後幾十年，乾淨已不只和信教虔誠牢不可分，也和美國作風牢不可分。」

洗淨自身的好處，並非如我們今日所以為的不證自明。它們有待發掘和提倡，主要透過社會改革和口耳相傳之助。有趣的是，十九世紀常民接納洗澡一事時，鮮少談及肥皂。光是要讓人相信水不會要他們的命，就要費上一番工夫。（誠如後面會提到的，肥皂終於在二十世紀為大多數人所接受時，是受到另一個新手法所推波助瀾——廣告。）但極力鼓吹洗澡者得到科學上、技術上數個重要發展合力加持。公共基礎設施的進步，表示人比以往更可能有自來水來注滿浴缸，意謂著水質比幾十年前要乾淨；最重要的，意謂著細菌致病理論從邊陲躋身為合乎科學的共識。

這一新範式透過兩項同時進行的調查而建立。首先，約翰・斯諾（John Snow）在倫敦進行了流行病學調查工作，畫出蘇荷區流行病死者分布圖，率先證明霍亂的凶手是遭污染的水，而非臭氣。斯諾從未能直接看到導致霍亂的病菌；囿於當時的顯微鏡技術，幾乎不可能看到那麼小的微生物（斯諾把它們叫作微動物〔animalcule〕）。但他能在倫敦市區居民的死亡模式中，間接看出這些微生物的存在。斯諾的水傳播致病理論，最終會予臭氣範式第一個決定性的一擊，儘管斯諾無緣活著看到他的理論成為主流觀念。他於一八五八年壯年早逝後，《刺胳針》（*The Lancet*）雜誌刊出一則簡潔的訃聞，文中完全未提及他在流行病學上劃時代的研究成果。二〇一四年，該雜誌刊出對該訃聞有點遲來的「更正」文，詳述了這位倫敦醫生對公共衛生的重大貢獻。

現代綜合性觀念日後會取代臭氣假說，即霍亂、傷寒之類疾病不是氣味所造成，而是在受污染的水裡大量滋長的不可見微生物所致，而這個綜合性觀念的問世，最終再度倚賴玻璃方面的一項創新。德國鏡片製造業者蔡司光學工廠（Zeiss Optical Works）於一八七〇年代初期開始製造新顯微鏡，那是首度以描述光之行為的數學公式為基本依據打造的裝置。這些新鏡片使羅伯・柯霍（Robert Koch）等多位科學家得以展開微生物學研究，而柯霍是最早認出霍亂菌的科學家之一。（一九〇五年靠其研究成果獲頒諾貝爾獎之後，柯霍寫信告訴卡爾・蔡司：「我的成就大部分要歸功於你出色的顯微鏡」。）柯霍和他的顯微鏡，還有他的主要對手路易・巴斯德（Louis Pasteur），同是發展並提倡細菌致病理論的功臣。從技術觀點看，十九世紀公共衛生方面的大突破——了解肉眼看不見的細菌能致命，乃是地圖與顯微鏡聯手的成果。

如今，柯霍因其透過蔡司鏡片認出的許多微生物而得到名副其實的頌揚。但他的研究也促成一相關的突破，那一突破和前述的突破一樣重大，只是較少受到肯定。柯霍不只看到細菌，還發展出精細的工具，以測量特定分量的水裡細菌的密度。他把受污染的水與透明明膠相混，觀察玻璃培養皿上逐漸壯大的菌落。柯霍確立了一個可適用於任何分量之水的測量單位——每毫升一百個菌落以下，被認為可安心飲用。

新的測量方法創造出新的製作方式。能測量細菌含量一事，使人得以用全新一套方法來解決公共衛生難題。在未有測量單位可供採用之前，得用老方法來測試水質的改善程度：蓋新的污水管或蓄水池或管子，然後靜靜等待，看死的人是否變少。但能夠從水裡採樣，透過實地觀察斷定其是否未受污染，意謂著實驗週期可大幅加快。

一九〇八年×約翰．李爾：在水庫中率先使用氯化技術

顯微鏡和測量方法兩者迅即在打擊細菌上開闢一個新戰線：藉由替廢物安排好輸送路線，使其遠離飲用水，人類可用新化學物質來直接打擊細菌，而非間接予以打擊。在這個第二戰線上，美國紐澤西州醫生約翰．李爾（John Leal）是關鍵戰士之一。一如他之前的約翰．斯諾，李爾是個既替人治病的醫生，也對更廣泛的公共衛生問題非常關注，特別是與受污染的供水有關的問題。他的關注源於切身之痛：內戰期間他父親喝了充斥細菌的水，而在痛苦煎熬中慢慢死去。他父親的戰時遭遇，為受污染的水和其他健康風

險在那個期間所造成的威脅，提供了有力的統計數據說明。第一四四團有十九人戰死，但有一百七十八人於戰時病死。

李爾嘗試用多種方法來殺菌，但早在一八九八年，就有種毒物特別引他關注：次氯酸鈣。那是種具有潛在致命性的化學物質，較為人知的名稱是氯，但當時也被稱作「漂白粉」（chloride of lime）。這個化學物質當時已作為公共衛生藥品廣為流通：爆發傷寒或霍亂疫情的房子和鄰里常用此化學物質殺菌，但此舉完全未能壓制住靠水傳播的病。不過，把氯投入水中的觀念，這時尚未獲普遍認可。歐美各地的城市居民，一想到漂白粉的刺鼻味，就必然聯想起傳染病。那肯定不是人希望在自己的飲用水裡聞到的氣味。大部分醫生和公衛當局不接受這一作法。有個著名化學家說：「化學殺菌這想法本身就讓人很反感。」但有了工具讓他既可看到傷寒、痢疾之類疾病的病原體，又可測量病原體在水中的多寡，李爾開始相信氯在用量得當的情況下，能比其他任何方法更有效地除去水中的危險細菌，且不會對飲水的人帶來任何威脅。

李爾後來在澤西市供水公司找到工作，負責監管帕塞伊克河（Passaic River）流域的七十億加侖飲用水。這一新工作，為公共衛生史上最古怪、最大膽的干預行動創造了有利條件。一九〇八年，該公司因為他們不久前完工的水庫、供水管承包工程（相當於今日價值數億美元的工程），陷入漫長的法律訴訟。此案法官批評該公司未能供應「純淨無害」的水，命令他們另外建造昂貴的污水管，以將病原體阻絕在該市飲用水之外。但李爾知道污水管效用有限，特別是在大暴雨時，於是他決定把他最近進行的氯實驗付諸最後測試。

在幾乎完全保密且未得到政府當局許可（和未知會一般大眾）的情況下，李爾決定把氯加入澤西市水庫。在工程師喬治・華倫・富勒（George Warren Fuller）協助下，李爾在澤西市外的布恩頓水庫（Boonton Reservoir）蓋了一個「漂白粉添加設施」。這作法風險極大，因為當時一般大眾反對以化學物質過濾，但法庭的裁定沒給他充裕的時間，而且他知道實驗室測試對外行人來說毫無意義。「李爾沒時間做試點研究。他的確沒時間建造一個示範規格的設施來測試這項新技術，」麥可．麥圭爾（Michael J. McQuire）在《氯革命》（*The Chlorine Revolution*）中寫道：「李爾知道，如果漂白粉添加系統無法控制加入的化學物質的數量，輸送到澤西市的水裡殘留有大量高濃度的氯，這道工法就算失敗。」

那是史上第一次將城市供水大規模氯化。消息一傳出去，外界初步的反應似乎把李爾看成瘋子或某種恐怖分子，畢竟喝下數杯的次氯酸鈣會要人命。但李爾做過夠多的實驗，知道少量的這種化合物對人體無害，卻能殺死許多種細菌。這項實驗的三個月後，李爾被叫上法庭為他的作為辯護。整個訊問過程中，他極力捍衛他的公共衛生創舉：

問：醫生，你能舉出世上還有哪些地方，試過以同樣方式把漂白粉放進有二十萬城市居民的飲用水裡？

答：二十萬居民？世上沒有這樣的地方，它從未被人這樣試過。

問：從未？

答：它未曾在這樣的條件下或在這樣的情況下試過，但未來它會被使用許多次。

問：澤西市是第一個？

答：受惠於它的第一個。

問：澤西市是第一個被用來證明你的實驗有益或有害的地方？

答：不能這麼說，先生，是第一個受惠於它。實驗已經結束。

問：你有告知市民你要做這個實驗？

答：沒有。

問：你有喝這個水？

答：有，先生。

問：你會毫不猶豫把它拿給你的妻子和家人喝？

答：我認為它是世上最安全的水。

最後，這樁官司李爾幾乎全勝收場。此案的法官特助寫道：「關於那個問題，我裁定並報告，這個裝置能使輸送到澤西市的水純淨無害……能有效除去水中的……危險細菌。」支持李爾之大膽舉動的數據，幾年後即變得不容置疑：澤西市等享用加氯飲用水的城鎮，傷寒之類靠水傳播的疾病劇減。

李爾在澤西市法庭上接受反詰問時，控方檢察官一度指控他從其加氯創舉中牟取龐大金錢報酬。檢察官不屑說道：「如果這個實驗結果良好，那你可就發大財了。」李爾從證人席打斷他的發言，聳聳肩說：「我不知道哪裡可發財；對我來講沒有改變。」與其他人不同的，李爾未想過替他在布恩頓水庫率先使用的氯化技術申請專利。凡是想提供「純淨無害」水給自家客戶的水公司，都可無償採用他的構想。沒有專利限制，不用繳使用許可費，於是，全美，最後全世界，市政當局迅即把氯化列為標準作業程序

約十年前，大衛．卡特勒（David Cutler）和格蘭特．米勒（Grant Miller）這兩位哈佛大學教授，著手查明一九〇〇至一九三〇年氯化（和其他濾水技術）在全美各地施行期間所帶來的衝擊。由於全美不同地方的疾病率，特別是嬰兒死亡率的現存資料非常廣泛，也由於當年氯化系統是以交錯

方式啟用，卡特勒和米勒得以非常精確地掌握氯對公共衛生的影響。他們發現乾淨的飲用水使美國一般城市的總死亡率下降了四成三。更令人驚嘆的，氯與過濾系統使嬰兒死亡率降低了七成四，孩童死亡率也有幾乎一樣程度的降低。

在此應該停下來思考一下那些數據的意義，把它們抽離冷冰冰的公共衛生統計領域，放進實際生活經驗的領域。一直到二十世紀，身為父母者都還得面臨一個無可逃避的事實，即生下的子女裡至少有一個早夭的機率非常高。失去小孩很可能是今日我們最無法承受的悲痛，但在過去，那是稀鬆平常的人生遭遇。如今，至少在已開發世界，那一稀鬆平常的遭遇已變成難得一見。保住性命——保護自己小孩免受傷害——比以往容易許多，功臣之一是大規模工程的施行，另一個功臣則是次氯酸鈣化合物和微小細菌兩者看不見的互撞。推動那場革命的人未致富，其中只有少數人出名。但他們在我們生活裡留下的印記，從許多方面來看，比愛迪生或洛克斐勒或福特的影響還要深遠。

但氯化不只是為了挽救性命，還為了玩樂。一次大戰後，萬座加氯的公共浴室和泳池在美國各地開張；游泳成為必學的技能。在兩次世界大戰之間，新的戲水公共場所帶頭挑戰規範婦女端莊行為的舊規則。市立泳池興起之前，戲水女人通常全身裹得像要去坐雪橇一般。到了一九二〇年代中期，女人開始露出小腿；低胸單件式泳衣於數年後出現。不久後，一九三〇年代，出現露背泳衣，接著出現兩件式泳衣。「整個來講，一九二〇至一九四〇年，女人的大腿、臀形、肩膀、肚子、背部、乳形都開始公開暴露。」史學家傑夫．維爾策（Jeff Wiltse）在其研究游泳的社會史著作《爭奪的水域》（*Contested Waters*）中如此寫道。我們能從單單物質的角度衡量這一轉變：十九、二十世紀之交，一般女人的泳衣需要十碼的布；到了一九三〇年代底，一碼布就夠了。我們往往把一九六〇年代視為變動的文化態度促使日常時尚有了最劇烈改變的時期，但比起兩次世界大戰之間女人身體愈露愈多一事，還是相形見絀。的確，若沒有游泳池興起，女人的時尚可能還是會找到另一個裸露的門徑，但即使真是如此，似乎也不可能發生得那麼快。約翰．

李爾把氯倒進澤西市水庫時，當然未特別想到讓戲水女人裸露大腿，但一如蜂鳥的翅膀，某領域的改變，在另一個層次的存在引發看似不相干的改變：一兆隻細菌死在次氯酸鈣之手，二十年後，對女人露出身體一事的基本看法徹底改觀。一如許許多多文化改變，並非氯化一事獨力改變了女人的時尚。許多社會性、技術性因素合力使泳衣布料變少：各種早期的女權主義、好萊塢鏡頭戀物式的凝視，更別提那些穿著較暴露泳衣的明星。但若非大眾共同將游泳視為休閒活動，那些時尚會少掉一個重要的展示場所。此外，氯化之外的那些說法（同樣言之有理持之有故），通常奪走所有目光。上街頭隨便找個人問什麼因素在推動女人的時尚，他們必然會指出好萊塢或印刷精美的通俗雜誌，但往往不會提到次氯酸鈣。

二十世紀初×安妮．默雷：一般消費大眾的家用漂白劑

整個十九世紀期間，乾淨技術的進步大抵上在公共衛生領域展開，如大

型工程、大規模過濾系統；但二十世紀的衛生故事，其實更加偏重個人切身需求。比李爾展開大膽實驗更早幾年，舊金山五名創業家各出資一百美元推出一項以氯為基礎的產品。事後來看，那似乎是個好點子，但他們的漂白事業鎖定大企業，銷售量的成長不如預期。其中一名創業者的妻子，在加州奧克蘭開店做生意的安妮・默雷（Annie Murray），倒是想到一個點子：含氯漂白劑可以是工廠用暨一般家庭用的革命性產品。在默雷堅持下，該公司製造出較弱版的漂白劑，用較小的瓶子包裝。默雷非常看好這項產品，向店裡的每個顧客分送免費試用包，才幾個月，瓶裝漂白劑就大賣。默雷其實正協助創造一全新產業，只是她當時未悟到這點。安妮・默雷創造了美國第一個鎖定一般大眾消費者的家用漂白劑，創造了將在二十世紀無所不在的清潔商品品牌中的第一個品牌：高樂氏（Clorox）。

高樂氏瓶裝產品普及各地，因而今日的考古學家拿我們祖父輩所留下的這類瓶子，斷定所挖掘地點的年代。（一品脫裝的含氯漂白劑玻璃瓶之於二十世紀初期，就如同矛尖之於鐵器時代，或殖民時期陶器之於十八世紀。）

緊接著出現另外一些暢銷的家用衛生產品：棕欖香皂、李施德霖漱口水、大受歡迎的止汗劑Odorono。這類衛生產品是最早用報章雜誌的全頁廣告推銷的產品之一。一九二〇年代，美國人已受到商品廣告的大量轟炸，那些廣告讓他們相信，如果不對付自己身體或家裡的細菌，會受到某種羞辱。（「常當伴娘，就是當不上新娘」這則短語，源於一九二五年的一則李施德霖廣告。）收音機和電視開始嘗試說故事時，個人衛生用品公司再度帶頭開創新式廣告，一道如今仍藉由「肥皂劇」（soap opera）這個用語如影隨形跟著我們的高明行銷手法。這是當代文化較奇怪的蜂鳥效應之一：細菌致病理論或許已把嬰兒死亡率降到只及十九世紀水平的幾分之一，使手術和分娩比森梅爾韋斯的時代安全許多，但這理論也在發明現代廣告業上扮演了關鍵角色。

如今，清潔業產值估計達八百億美元。走進大賣場或藥品店，會找到數百種，甚至數千種，標榜能除去家中危險細菌的產品：清潔我們的浴缸、馬桶、地板、銀餐具、牙齒、腳的產品。這些店形同抗菌作戰的大型彈藥庫。當然，有些人覺得我們對乾淨的執著如今可能走火入魔。有些研究顯示，日益乾淨的世界其實可能與氣喘、過敏率日益升高有關，因為我們的幼年免疫系統是在未接觸到各種細菌的情況下發展出來。

二十世紀下半葉×微晶片廠：乾淨到人不能喝的水

過去兩百年人與細菌的戰爭帶來深遠後果：從對泳衣式樣的膚淺追求一直到嬰兒死亡率降低這種實質的改善。我們對微生物致病過程的日益了解，使城市得以衝破從有人類文明以來一直束縛城市的人口上限。一八〇〇年，沒有哪個社會成功打造並維持一個超過兩百萬人口的城市。第一批挑戰這個障礙的城市（倫敦與巴黎、不久後的紐約），深深受創於人口密度太高時爆發的疾病。十九世紀中葉許多明智的都市生活觀察家深信，城市不該建造到那樣的規模，深信倫敦必會崩潰而退回較便於管理的規模，一如將近兩千年前的羅馬。但隨著解決了乾淨飲用水和可靠的廢棄物移除這兩個問題，情況全然改觀。埃利斯·契斯布勞首次赴歐「壯遊」參觀當地污水排放系統的一百五十年後，倫敦、紐約等城市人口已接近千萬，預期壽命和傳染病發生率遠低於維多利亞時期。

當然，今日的問題不是兩百萬人口或千萬人口的城市，而是孟買或聖保羅這類不久後就會有三千萬人口或更多人口的巨大都市。這些巨大都市的居民，有許多人生活在貧困的貧民區，而那些貧民區的環境比較接近契斯布勞所不得不費心抬高的芝加哥，而非當今已開發世界的城市。如果只觀察今日的芝加哥或倫敦，過去一百五十年的故事似乎是不容置疑的進步故事：水較乾淨，死亡率低了許多，流行病形同絕跡。但如今全球有三十多億人無緣享用乾淨飲用水和基本衛生系統。從絕對數字來看，我們這個物種倒退了（一八五〇年地球上只有十億人）。所以我們如今面對的問題，乃是如何把乾淨革命帶到貧民區，而非只是帶到密西根大道。傳統看法認為這些貧民區需要走斯諾、契斯布勞、李爾和西方其他所有沒沒無聞的公衛基礎設施英雄所規畫的那條路：需要擁有與大規模污水排放系統相連的馬桶，污水排放系統處理廢棄物但不會污染供應家用水的水庫，水庫的水經過濾後透過同樣精心設計的系統輸送到家戶。但這些新巨大都市的市民和其他全球開發方面的創新者，已愈來愈覺得不必走過去的老路。

不管約翰·李爾有多大膽、堅定，如果他早生僅僅一代，絕對沒有機會將澤西市的水氯化，因為使氯化得以實現的科學、技術那時根本還未問世。地圖、鏡片、化學、測量單位四者在十九世紀下半葉會合，給了他實驗的平台，因此，如果當年李爾未把氯化推到主流，也會有別人在十年內甚至更短時間內做這樣的事；這麼說大概並不為過。這讓人生起一個疑問：如果新構想和新技術能使新的解決方案得以讓人想到（一如細菌理論和顯微鏡激發以化學物質處理水的構想），那麼，自李爾時代以來誕生的諸多新構想，不足以在如何保持城市乾淨方面激發一個新的範式，一個完全略過大工程階段的範式？而且那個範式說不定是我們所注定共享之未來的主要指標。開發中世界已略過某些需費力建構的有線電話線路基礎設施，藉由以無線連結為核心的通信建設，領先較「先進」經濟體。在污水管方面會不會走上同樣模式？

二〇一一年，比爾與梅琳達·蓋茨基金會宣布舉行一場設計競賽，以推動我們在基本衛生服務觀方面的範式轉移。這場設計競賽稱作「廁所創新大賽」（Reinvent the Toilet Challenge），徵求不需要連接污水管或不需要電力且每日每人花費不到五美分的廁所設計。勝出的設計案是來自加州理工學院的廁所系統。該系統使用光伏電池來驅動負責處理人類排泄物的電化學反應器，製造出用來沖馬桶或灌溉的乾淨水以及可儲存在燃料電池裡的氫。這套系統完全獨立自足，不需要電網、污水排放管或處理設施。這個廁所唯一需要的輸入物，除了陽光和人類排泄物，就只有精鹽。精鹽經氧化製造氯，用來殺死水中細菌。

李爾若還在世上，看到這個廁所，他能認得出的東西很可能就只有氯分子。那是因為這個廁所倚賴已在二十世紀成為「鄰近可能」之一部分的新構想和新技術，倚賴很可能讓我們得以省去花錢、費力建造巨型基礎設施一事的工具。李爾需要顯微鏡、化學、細菌理論來淨化澤西市的供水；加州理工學院設計的廁所需要氫燃料電池、太陽能板，乃至輕且便宜的電腦晶片來監控、管理該系統。

令人意想不到的，那些微處理器本身，在某種程度上，是乾淨革命的副產物。電腦晶片是無比精細的人造物——它們是人類智力的結晶，但它們細到肉眼看不到的細部卻是我們所幾乎無法理解的。要測量它們，得拉近到微米等級：一百萬分之一公尺。人髮的寬度約一百微米。人類皮膚細胞寬約三十微米。霍亂菌寬約三微米。微晶片上的電荷流動路徑和控制電流的電晶體，攜帶著代表各種資訊的二進位0與1編碼，其大小可能小到十分之一微米，製造如此微小的東西需要特別的機器人技術和雷射工具；沒有手工微處理器這種東西。但晶片廠還需要另一種技術，一種我們通常不會把其與高科技世界扯上關係的技術：晶片廠必須乾淨到一塵不染。落在精細矽晶圓上的一顆家中塵埃，將相當於落在曼哈頓街頭的聖母峰。

微晶片廠，例如德州奧斯汀市郊外的德儀公司微晶片廠，乃是地球上最乾淨的地方之一。進入這類廠房，都得全副乾淨服裝，從頭到腳包上不會脫落的無菌物質。這一過程有個大悖常理的怪現象。一般情況下，人穿上如此高度保護性的服裝，都是為了保護自己免受有害環境傷害：酷寒、病原體、太空真空環境。但在無塵室，這樣的服裝意在保護該空間使免受人的危害。人是病原體，人的毛囊、表皮層和人分泌的黏液，威脅到等著出生的電腦晶片的寶貴資源。從微晶片的觀點看，每個人體都是個豬圈，骯髒的塵團。進入無塵室之前的淨身階段，甚至不准使用肥皂，因為大部分肥皂含有會發出潛在致污物的香氣。對無塵室來說，就連肥皂都太髒。

無塵室還有一奇怪的對稱現象，那個現象使我們想起最早致力於淨化城市飲用水的先驅：埃利斯．契斯布勞、約翰．斯諾、約翰．李爾。製造微晶片也需要大量的水，只是那水與我們飲用的自來水大不相同。為防水質不淨，晶片廠製造純水，即不只濾掉含菌致污物，還濾掉一般過濾水所會含有之礦物、鹽、隨機離子。這種人稱超純水的水，除掉上述所有額外的「致污物」，對微晶片來說是絕佳的溶解劑。但去掉那些元素，也使超純水不適於人飲用；咕嚕咕嚕喝下一杯超純水，你體內的礦物質會開始流失。乾淨史的整個週期如下：十九世紀科學、技術上的高明構想，協助我們淨化髒得無法飲用的水；而今，一百五十年後，我們製造出乾淨到不能喝的水。

站在無塵室裡，心思自然而然飄回到我們城市街道下方的污水管。無塵室和污水管，乾淨史上的兩個極端之物。要打造現代世界，我們得創造出讓人無比反感的空間，即污穢的地下河，並把它與日常生活隔開；在這同時，要實現數位革命，我們得創造出超乾淨的環境，同樣把它與日常生活隔開。我們不去這些地方，於是未察覺它們的存在。我們頌揚因它們而得以有機會問世的東西——摩天大樓和功能愈來愈強的電腦，卻不頌揚污水管和無塵室；但我們身邊處處可見它們的成就。

第五章

時間

原子時間的出現已徹底改變了日常生活。全球航空交通、電話網、金融市場，都倚賴原子鐘毫微秒程度的精確。每次低頭瞄一眼智慧手機以查看自己所在位置，就是在無意間查看了安置在近地軌道衛星中的二十四個原子鐘所構成的網絡……一如十八世紀的海軍導航員，GPS藉由比較時鐘來斷定你的所在位置。這在鐘表史上其實屢見不鮮：計時上的每個新進展，都使我們在支配地理上得以有相應的進步——從船，到鐵路，到航空，到GPS皆是。那是愛因斯坦若地下有知會大為激賞的一個想法：測量時間成為測量空間的關鍵。

一九六七年十月，來自世界各地的一群科學家群聚巴黎，參加名稱如實的「國際度量衡大會」（The General Conference on Weights and Measures）。如果你有幸參加過學術研討會，大概知道這種會議的流程：提交論文，沒完沒了的一連串小組討論會，以及在討論會之間的空檔喝咖啡閒聊交誼；夜裡在飯店酒吧聊八卦和暗鬥；每個人都玩得還算開心，完成的正事不多。但國際度量衡大會不一樣。一九六七年十月十三日，與會者同意改變時間的定義。

幾乎整個人類史，人類都靠追蹤天體的規則變化來計算時間。一如地球本身，我們的時間觀以太陽為核心運行。日以日出、日落的週期來界定，月以月亮的週期來界定，年以緩慢但可預測的四季規則變化來界定。當然，在人類史的大部分時期，我們未正確理解那些模式的造成原因，以為太陽繞地球轉，而非地球繞太陽轉。慢慢地，我們造出工具，更可預測地測量時間的流動：追蹤日光移動的日晷；英格蘭巨石陣之類用以追蹤夏至等季節轉折點的天文觀測台。我們開始用倚賴十二進位記數系統的單位，把時間進一步細分為時、分、秒（十二進位記數系統傳自古埃及人和蘇美人）。時間層層細分：一分鐘是一小時的六十分之一，一小時是一天的二十四分之一。一天則是從前一次日正當中到後一次日正當中所經過的時間。

但約六十年前起，隨著測量時間的工具更加精確，我們開始注意到那具天上節拍器的缺陷。事實表明天鐘的機械運作有點不可靠。於是，一九六七年召開了國際度量衡大會以解決這問題。時間測量如要達成真正的精確，就得拿太陽系裡的最大天體換最小之一的天體。

十六世紀中葉×笨重的機械鐘：一天跑掉二十多分鐘

純粹從觀光客關注的程度來衡量，比薩大教堂普遍來講不如其隔壁那個著名的斜塔來得受矚目，但這座千年大教堂，有著出色的白色石頭、大理石正立面，從許多方面來看，是比它旁邊的傾斜鐘樓更了不起的建築。站在教堂中殿的基部，往上凝視十四世紀半圓形後殿的鑲嵌畫，能重現某學生當年神遊物外那一刻，最終改變我們與時間之關係的那一刻。有一組祭壇燈，從頂棚垂吊下來。它們如今一動不動，但傳說一五八三年時，有個比薩大學的十九歲學生在這座大教堂參加祈禱儀式，在教堂長椅上做起白日夢，注意到其中一盞祭壇燈前後擺盪。他身邊的同伴照規矩吟誦尼西亞信經時，他幾乎被那盞祭壇燈的規律運動催眠。不管擺盪的弧形有多大，那盞祭壇燈每趟來回擺盪所花的時間似乎一樣。弧形變短，祭壇燈擺盪的速度也變慢。為了確認不是幻覺，這個學生用他所能找到的唯一可靠的測時工具，他自己的脈搏，來測量祭壇燈的擺盪。

大部分十九歲青年參加彌撒時若胡思亂想，想的不會是這麼科學的事，但這位大學新鮮人非比尋常，他是後來聲名大噪的伽利略．伽利萊。伽利略胡思亂想時間與節奏一事，並不足為奇，因為他父親是音樂理論家和魯特琴手。十六世紀中葉，演奏音樂大概是最追求時間精確的日常文化活動之一（音樂術語「速度」〔tempo〕一詞就來自義大利語的「時間」一詞）。但在伽利略的時代，並不存在能維持穩定節奏的機器；節拍器要再過幾百年才會問世。於是，看到祭壇燈如此規律的擺盪，在伽利略的年輕腦子裡植下一個構想的種子。但種子往往要經過數十年才會化為有用的東西，對伽利略這一構想的種子來說亦然。

接下來二十年，伽利略成為數學教授，嘗試製作望遠鏡，大抵上發明了現代科學，但始終未忘記那具擺盪的祭壇燈。他愈來愈著迷於力學（研究物體在空間如何移動的學科），決定打造一具鐘擺，重現他多年前在比薩大教堂所觀察到的現象。他發現鐘擺擺盪所花的時間，非取決於擺弧的長短或擺盪物體的輕重，而是只取決於懸線的長短。他寫信告訴科學界同僚喬凡尼．巴蒂斯塔．巴利亞尼（Giovanni Battista Baliani）：「鐘擺的神奇特性，乃是不管擺盪幅度是大或小，均以同樣時間擺盪。」

重點在擺盪所花時間一樣。在伽利略的時代，凡是展現出這一精準節奏性的自然現象或機械裝置，似乎都是神奇之物。那個時期的大部分義大利城鎮，擁有大而笨重的機械鐘以指出不算精確的當下時間，但這些鐘得用日晷讀數予以修正，不然一天會跑掉多達二十分鐘。換句話說，當時的計時技術只求在日的層次上保持精確。計時裝置追求精確到秒的層次，可說是愚蠢至極的想法。

不只愚蠢至極，而且似乎沒必要。一如佛雷德里克．杜鐸的冰買賣，那是個沒有銷路的創新。十六世紀中葉，人無法報出精確時間，但沒人注意到這點，因為分秒不差的精確沒有必要。沒有巴士要趕搭，沒有電視節目可看，沒有多方電話會議要參加。只要約略知道當下是什麼時辰，就夠用了。

對分秒不差之精確的需要，不是來自日曆，而是來自地圖。畢竟那是第一個偉大的全球航海時代。受到哥倫布的啟發，船隻航行到遠東和新發現的美洲，能成功航越大洋的人就有機會發大財（未能成功航越大洋者八九不離十踏上黃泉路）。但水手沒辦法斷定在海上的經度。只要觀察天象，就能算出所在的緯度。在現代導航技術問世之前，唯一能讓人弄清楚船隻所在經度的辦法，得用到兩個鐘。一個鐘按照你起始點的時間來設定（假設你知道那地點的經度），另一個鐘記錄下你在海上所在地點的當下時間，從兩個時間的差就可斷定所在的經度：每四分鐘差代表經度一度，亦即赤道處的六十八英里距離。

天氣晴朗時，透過標示太陽所在位置的精確讀數，可輕易重設船上的鐘。問題出在按母港時間設定的那個鐘。計時技術每天會快上或慢上二十分鐘，因此到了航程第二天，那只鐘可以說就派不上用場。歐洲各地懸賞獎勵能解決海上經度斷定問題的人：西班牙的腓力三世宣布以提供終身養老金作為獎勵，英格蘭著名的「經度獎金」則承諾給予相當於今日幣值一百多萬美元的獎金。這一問題的急迫性，加上解決此問題的金錢報酬，使伽利略再度起心動念探究十九歲時令他產生興趣的「同樣時間」現象。先前的天文觀察讓他想到，木星衛星的規律性受蝕，或許有助於航海家在海上計時，但他所設計的方法太複雜（而且精確程度不如他所希望），於是他把心思移回到鐘擺上。

他對鐘擺「神奇特性」的緩慢直覺性想法，經過五十八年的醞釀，終於開始成形。這個構想位在多種學科和興趣的交會點上：伽利略對祭壇燈的記憶、他對運動與木星衛星的研究、全球航運業的興起、航運業對鐘的新需求得分秒不差。物理學、天文學、海上導航、一名大學生的胡思亂想，這幾種不同的東西在伽利略腦海裡會合。在兒子協助下，他開始繪製第一具擺鐘的機械平面圖。

到了下個世紀末，擺鐘已成為歐洲各地常可見到之物，尤以在英格蘭為然——在工作場所，在城鎮廣場，乃至在有錢人家裡。英國歷史學家湯普森（E. P. Thompson）一九六〇年代晚期發表了一篇談時間與工業化的出色文章，文中指出在那個時期的文學作品，透露小說人物已在社經階梯更上一階或兩階的跡象之一，乃是擁有懷表。但這些新計時裝置不只是時尚飾物。擺鐘比先前的計時裝置準上百倍（一星期只快上或慢上一分鐘左右），促成對時間認知的改變，至今未消。

十七世紀末×擺鐘：一星期只快上或慢上一分鐘

思考創造出工業革命的技術時，我們自然而然會想起轟轟作響的蒸汽引擎和蒸汽驅動的織機。但在工廠的刺耳嘈雜聲底下，有個較輕柔但同樣重要的聲音四處可見：低調計時的擺鐘滴答聲。

想想當年那段歷史若是走上另一條路，計時技術出於某種原因跟不上催生出工業時代其他機器的發展腳步，工業革命還會發生？你可以提出很有力的理由證明不會發生。沒有鐘，十八世紀中葉在英格蘭起步的工業起飛，再怎麼說，都要晚上許久才會達到脫逸速度，而這出於數個原因。精確的鐘，在斷定海上經度方面具有無可匹敵的能力，大幅降低了全球航運網的風險，使最早期的實業家有了源源不斷供應的原物料，使他們得以進入海外市場。十七世紀晚期和十八世紀初期，世上最可靠的表在英格蘭製造出來。英格蘭創造出多種在精細工具製造方面的專門技術，而在工業革命帶來需求時，那些專門技術出奇地派上用場，一如製造眼鏡的玻璃製造技術為望遠鏡、顯微鏡的問世開了大門。鐘表製造者是日後人稱工業工程（industrial engineering）這門學科的先驅。

但工業生活特別需要靠鐘表計時來管理新的工作時程。在過去的農業或封建經濟裡，可能根據完成一項工作所需的時間來界定時間單位。一天不是分割為抽象的數學單位，而是分割為一連串活動：不是以十五分鐘為單位來界定，而是把時間界定為替母牛擠奶或替一雙新鞋子釘上鞋底所要花的時間。工匠不是按時計酬，而是按件計酬，他們的每日時程亂無章法到幾乎可笑的地步。湯普森引用了一七八二或一七八三年以織布為副業的某位農民的日記，藉以說明工業時代之前日常工作安排的散亂：

> 雨天，他可能織八又二分之一碼的布；十月十四日他搬運他的成品，所以只織了四又四分之三碼的布；二十三日他在外工作到三點，日落前織了兩碼布……除了收割和打穀、攪乳、開溝、照料菜園，日記上還記載：「織了兩碼半的布，母牛生下小牛，需要花心思照料。」一月二十五日，他織了兩碼布，走到附近的村莊，做了「有關車床的雜活，待在院子裡，晚上寫了封信。」他做的事，還包括照顧馬與大車、採漿果、維護磨坊水壩、出席一場浸信會協議、看一場公開絞刑。

若照那種隨興的時間安排方式到今日的職場上班，想想會是什麼情景（即使是以悠閒著稱的谷歌都受不了那種程度的我行我素）。對試圖使數百工人的行動與最早期工廠的機械節奏同步的工業家來說，這種散漫的工作方式會天下大亂。因此，欲打造一批好用的工業勞動力，就需要徹底改造人對時間的認知。陶器製造商喬賽亞．威基伍德（Josiah Wedgewood）在伯明罕的工廠，為英格蘭的工業化揭開序幕。他首開先河，實行「打卡」上班的作法（對出生於西元一七〇〇年之前的人來說，「打卡上下班」〔punch the clock〕這個雙關語毫無意義）。「時薪」這個觀念（幾乎普行於今日世界各地的觀念），誕生自工業時代的管理制度。湯普森寫道，在這樣的制度下，「雇主必須好好利用工人的時間，不讓其有一絲浪費……時間如今就是金錢：不是度過它，而是花掉它。」

對經歷過這一轉變的頭幾代人來說，「時間紀律」的問世令人深感無所適從。如今，已開發世界的大多數人和開發中世界的愈來愈多人，從小就習慣於嚴格的時間管理制度（到一般的幼稚園教室旁聽，會看到園方花費不少心思說明和強化課程表）。工作、休閒的自然節奏不得不以抽象的框架取代。如果你一輩子都在那框架裡，它似乎像是人的第二天性；但如果你是頭一次碰到，一如十八世紀下半葉工業英格蘭的工人，那它可是對既有體制的打擊。計時裝置不只是協助人統籌一天活動的工具，還是更不祥的東西，狄更斯在《艱難時世》（*Hard Times*）中這麼寫道：「要命的統計鐘，以滴答聲測量每一秒，而那滴答聲聽來像是叩擊棺蓋的聲音。」

可想而知，這一新管理制度引起激烈反彈。反彈主要不是來自勞動階級（開始在時鐘宰制下要求撥發加班費或縮短工作日的人），而是來自唯美主義者。十八、十九世紀之交浪漫派的特色之一，乃是擺脫鐘表時間日益高壓的宰制：晚睡、在城裡漫無目的閒逛、拒絕靠支配經濟生活的「統計鐘」過活。在長詩《序曲》（*The Prelude*）中，華滋華斯宣布其不受「我們時間的記錄者」擺布：

嚮導，我們官能的管理者

我們勞動力的管家，時時盯著我們
精於拿時間獲取高利
會以自身的預知能力控制所有意外情事的賢人
將要我們像引擎一樣
只能走它們所打造的那條路……

擺鐘的時間紀律抓住不拘形式的經驗流動，把它訂在一數學格網上。如果時間是條河，擺鐘把時間轉化為每隔一段固定距離就設了閘門的運河，閘門則是為了配合工業的節奏而設計。在此我們再度看到，我們測量東西的能力增加，最後就和我們製造東西的能力一樣重要。

一八六〇年代初期×懷表：不是有錢人才能擁有

測量時間的能力在社會裡分配並不平均：懷表曾一直是奢侈品，直到十九世紀中葉，麻塞諸塞州補鞋匠的兒子阿隆・魯夫金・丹尼森（Aaron Lufkin Dennison）借用武器製造的新流程——流程中用到標準化、可互換的零件，將同樣的技法用在製表上，情況才改觀。當時，生產先進的表得花上一百多道工序：一人翻動一串鋼片中的一片，製造跳蚤般大小的螺絲；另一人刻表殼；諸如此類。照丹尼森的構想，會有由機器大量製造的一模一樣小螺絲，可以放進同款式的任何表裡，也會有能以一絲不苟的速度刻表殼的機器。為了實現構想，他破產了一或兩次，被當地的報紙取了綽號「波士頓瘋子」。但最後，一八六〇年代初期，他突然想到可製作較便宜的表，不使用歷來懷表都會鑲嵌的珠寶飾物。它將是第一只鎖定大眾市場，而非只鎖定有錢人的表。

丹尼森的「威廉・埃勒里」懷表（根據獨立宣言簽署人之一的威廉・埃勒里〔William Ellery〕取名）推出後大賣，尤其受到打過內戰的軍人歡迎，總共賣了超過十六萬只；連亞伯拉罕・林肯都擁有一只「威廉・埃勒里」表，並隨身帶著。丹尼森把一樣奢侈品變成人人都該擁有的大宗商品。

一八五〇年，懷表平均要價四十美元；到了一八七八年，不鑲珠寶的丹尼森表要價僅三塊五美元。

在懷表突然於全國熱賣之際，任職於明尼蘇達州鐵路公司的理查・華倫・西爾斯（Richard Warren Sears），發現有箱送來的表被當地珠寶商拒收，然後，靠著把那些表轉賣給其他火車站站長，他賺了不少錢。受到這筆賺錢生意的啟發，他與芝加哥商人阿爾瓦・羅巴克（Alvah Roebuck）合夥，一起創辦了郵購刊物，在該刊物上展示多種款示的表，這就是西爾斯—羅巴克郵購目錄。如今你家的信箱裡塞了十五磅重的郵購目錄？它們全濫觴於十九世紀晚期一項非有不可的精巧小玩意兒：一般消費大眾買得起的懷表。

一八八三年×製定時區：時間，不再是日、月、星辰所寫下

丹尼森開始思考鐘表在美國境內的大眾化時，那個時期的鐘表，在某個重要方面，仍然非常不一致。在美國各地的城鎮，如果查看過特別看重時間

紀律的地方公共時鐘，當地時間這時已精確到秒的程度，但當地時間各地不一，多達數千種。鐘表時間已經大眾化，但尚未標準化。拜丹尼森之賜，懷表迅速普及，但它們的時間基準各不相同。在美國，每個村鎮照自己的步調走，鐘表根據太陽在天上的位置來校準。往東或往西移，即使只是數哩，隨著與太陽的相對位置改變，日晷上標出的時間跟著不一樣。你可能下午六點置身在某城市，但單單隔了三個鎮，正確時間會變成六點零五分。如果一百五十年前問人現在幾點，在印第安那州會得到至少二十三種答案，在密西根州二十七種，在威斯康辛州三十八種。

這個不一致現象最怪的地方，是沒人注意到它。你無法直接和三個鎮外的人交談，而且走不可靠的公路慢慢前往三個鎮外要花上一、兩個小時。因此，每個鎮的時鐘彼此差個幾分鐘，沒人注意到。但一旦人（和資訊）的移動開始加快，標準化的付諸闕如就突然帶來大麻煩。電報和鐵路讓人察覺到未標準化的鐘表時間隱藏的模糊性，一如數百年前書籍的問世讓第一代歐洲讀書人察覺到需要戴眼鏡。

往東或往西橫向移動的火車，移動速度高於在天上行走的太陽。因此，每搭火車一小時，就需要調整表四分鐘。此外，每條鐵路照自己的時鐘運行，那意謂著十九世紀搭火車遠行，得傷腦筋做算術。比如你在紐約時間早上八點離開紐約，搭的是根據哥倫比亞鐵路公司時間八點零五分開的火車，三個小時後，在巴爾的摩時間的十點五十四分抵達巴爾的摩，而嚴格來講，照哥倫比亞鐵路公司的時間，那是十一點零五分；在巴爾的摩你要等個十分鐘，然後搭巴爾的摩與俄亥俄鐵路公司十一點零一分開的火車到西維吉尼亞的惠靈，而嚴格來講，如果照惠靈當地時間，那是十點四十九分從巴爾的摩開的火車；如果你的表仍以紐約時間為基準在走，則應是十一點十分。最好笑的是，這些各不相同的時間都是正確時間，至少根據太陽在天上的位置來說是正確時間。靠日晷可輕易測出時間，但把日晷測出的時間用在鐵路上卻令人火大。

英國人於一八四〇年代晚期就處理這個問題，作法是根據格林威治標準時間將全國時間標準化，並用電報使鐵路時鐘顯示同一時間。（如今，全球各地每個航管中心和飛機駕駛艙的時鐘都報格林威治時；格林威治標準時間是天上的唯一時區。）但美國幅員太遼闊，無法全國都照一標準時間來運行，尤其是在橫貫大陸的鐵路於一八六九年開通之後。美國全國有八千個城鎮，每個城鎮有自己的鐘，且有超過十萬英里長的鐵路將它們連在一塊，制訂出某種標準化系統因此變得刻不容緩。前後數十年時間，出現過數個將美國時間標準化的提議，但沒有一個成為定案。將時刻表和時鐘協調一致，要克服極大的人力物力難題，而且標準化時間似乎令老百姓生起奇怪的怨恨心態，好似那是有違自然的作為。辛辛那提某報發表社論反對標準時間：「那實在可笑……辛辛那提的人民該堅守真理，因為那是日、月、星辰所寫下。」

直到一八八〇年代初期，鐵路工程師威廉．艾倫（William F. Allen）著手解決鐵路時間標準化，美國才總算解決了這個問題。艾倫是某份鐵路時刻表指南的主編，深切了解既有的時間體系有多錯綜複雜。在一八八三年於聖路易召開的鐵路公司代表大會上，艾倫提出一份地圖，建議將五十個不同的鐵路時間改為四個時區：東部、中部、山區、太平洋（這四個時區於一百多年後的今日仍在使用）。艾倫在地圖上分隔時區時，使分界線微呈鋸齒狀，以配合主要鐵路線相連的點，而未照子午線筆直劃界。

鐵路公司老闆採納艾倫的計畫，要他在短短九個月內實現他的構想。他卯足勁寫信、施壓，讓天文台和市議會接受他的構想。那是極其艱鉅的任務，但艾倫排除萬難做到了。一八八三年十一月十八日，美國經歷了鐘表時間史上極奇怪的一個日子，後來人稱「兩個正午日」的日子。東部標準時間，如艾倫所界定的，比紐約當地時間慢了四分鐘整。在十一月那一天，曼哈頓的教堂鐘先按照紐約當地的舊時間於正午鐘響報時，然後四分鐘後，再次鐘響，宣告第二個正午：東部標準時間的第一個中午十二點整。第二個正午時間透過電報播送到全國各地，使紐約往西一直到太平洋岸之間的鐵路線和城鎮廣場得以將他們的鐘調到同一時間。

隔年，格林威治標準時間被訂為國際時間（以位在本初子午線上的格林威治為基礎），全球劃分為數個時區。世界開始擺脫太陽系天體規則變化的束縛。請教太陽不再是最精確的報時方法。從遙遠城市透過電報線傳送的電脈衝，使我們的鐘表顯示一樣的時間。

一九三〇年代×石英鐘：測量時間的精確度跳升至微秒

測量時間一事有個古怪的特點，那就是它並非始終屬於某個學科。事實上，我們測量時間的能力每一次躍進，都涉及某個學科交棒給另一個學科。從日晷轉移到擺鐘，有賴於從天文學轉移到力學。下一場時間革命將有賴於電磁學。但每一場革命仍循同一個大模式：科學家發現某個自然現象展現出伽利略在祭壇燈所觀察到的維持「同樣時間」的傾向，不久後，一波發明家和工程師開始運用那一新節奏來使他們的裝置顯示一樣的時間。一八八〇年代，雅克·居禮（Jacques Curie）和皮耶·居禮（Pierre Curie）兩兄弟，首度觀察到某些晶體（包括石英，即對穆拉諾島的玻璃工有革命性影響的那個物質）具有一個奇怪特性：在壓力下，這些晶體能以相當穩定的頻率振動。這一特性後來稱作壓電效應（piezoelectricity）。把交流電用在晶體上時，這一效應更為顯著。

石英晶體以「同樣時間」伸縮的神奇能力，一九二〇年代被無線電工程師首度予以運用。他們用石英晶體來使無線電發送保持一致的頻率。一九二八年，貝爾實驗室的馬禮遜（W. A. Marrison）打造了第一台用石英晶體的規律振動來計時的鐘。石英鐘每天只跑掉千分之一秒，且比起擺鐘，抗大氣溫度或濕度變化的能力也強上許多，更別提耐移動的能力。我們測量時間的精確度因此再度跳升數級。

馬禮遜發明石英鐘後的頭幾十年，石英鐘實際上是科學用或工業用的計時裝置；從一九三〇年代起，美國標準時間以石英鐘計時。但到了一九七〇年代，這項技術的成本已低到可以推向大眾市場，第一批以石英為基礎的手表隨之問世。如今，幾乎每個安有鐘的消費性電子產品，如微波爐、鬧鐘、手表、汽車鐘等，都根據晶體壓電效應的同樣時間在運行。這一轉變是相當可以預料的。有人發明了較好的鐘，第一代新產品太昂貴，消費者買不起；但最後價格下跌，新鐘進入主流生活。那並無讓人驚奇之處。驚奇再度來自別處，來自最初看來似乎沒那麼倚賴時間的另一個領域。新的測量方式創造出新的製造可能。隨著石英時間的問世，那一新的可能是計算。

微處理器從許多層面來看都是極了不起的技術成就，但只有少數東西像底下這樣東西那麼不可或缺：電腦晶片，時間紀律的主宰者。想想工廠的協調性需求：數千項重複性的小工作，由數百個人按照正確的序列循序完成。微處理器需要同樣一種時間紀律，只是受協調的單位是資訊位元，而非工廠工人的手和身體。（查爾斯・巴貝奇〔Charles Babbage〕於維多利亞時代中期發明第一台可編程電腦時，出於某個原因把中央處理器稱作「工廠」。）微處理器不是每分鐘運作數千次，而是每秒鐘執行數十億次計算，讓資訊在電路板上的其他微晶片裡進出。這些運作全靠一台主鐘來協調，而那個主鐘如今幾乎個個用石英製成。（修改電腦使其運作快於它原來設定的速度一事為何稱作超頻〔overclocking〕，原因在此。）今日電腦是許多不同技術和多種知識的集合體：編程語言的符號邏輯、電路板的電機工程、界面設計的視覺語言。但若沒有石英鐘微秒等級的精確度，現代電腦將是廢物。

石英鐘的精確使其前輩擺鐘相形之下似乎無可救藥的不準，但它對地球和太陽這兩個最根本的計時裝置，也產生類似的影響。一旦開始用石英鐘來測量一日的長短，我們發現一日的長度並非如我們所以為的那麼穩定。由於地球表面潮汐的牽引、吹過山脈上方的風、地球熔融核心的內部運動，一日的時間以半混沌的方式縮短或變長。如果我們真的想精確計時，就不能倚賴地球的自轉。我們需要更好的計時裝置。石英讓我們「看出」看似每日時間一樣的太陽日，並不如我們以為的那樣每日一樣。從某個方面說，那給了哥白尼學說前的宇宙致命一擊。地球既不是宇宙的中心，而且地球的自轉甚至被認為不夠始終如一而無法精確界定一日。相較之下，一組振動的沙還管用得多。

一九五〇年代中期╳原子鐘：GPS，測量時間成為測量空間的關鍵

精確計時，根本來講，就是要找到或製造出，以始終如一的節奏振盪的

東西：東升的太陽、圓缺的月亮、祭壇燈、石英晶體。二十世紀初期，在尼爾斯．波耳（Niels Bohr）和維爾納．海森堡（Werner Heisenberg）等科學家領軍下發現了原子，啟動了能量和武器方面一連串令人嘆為觀止且致命的創新：核電廠、氫彈。但原子這門新學科也揭露了一項不為人稱道但同樣重要的發現：人類所知最始終如一的振盪器。波耳研究銫原子內繞軌運行的電子的行為，注意到它們以驚人的規律性運動。電子未受擾於山脈或潮汐的混沌牽引，打出一個比地球自轉還要可靠數個數量級的節奏。

最早的原子鐘於一九五〇年代中期造出，立即為精確度設下一個新標竿：從此我們能測量毫微秒，精確度比石英的微秒高出千倍。那一躍進最終使國際度量衡大會得以於一九六七年宣布改造時間的時刻已經到來。在這個新時代，地球的主時間將用原子秒來測量：「銫原子同位素133基態超精細能階躍遷的9,192,631,770個週期所持續的時間」定為一秒。一天不再是地球自轉一圈所花的時間，而是在世界各地兩百七十個同步原子鐘所計算出的八萬六千四百個原子秒。

但舊的計時器未就此完全消失。今日的原子鐘其實用石英機械來計秒，倚賴銫原子和其電子來修正石英計時的隨機偏離。世上的原子鐘每年根據地球軌道的混沌漂移重設時間，增添或調快一秒以使原子節奏和太陽節奏不致偏離同步太遠。時間紀律的多種科學領域——天文學、電磁學、亞原子物理學，都牢牢嵌在主鐘裡。

毫微秒的出現或許讓人覺得像是個深奧難解的轉變，只有出席度量衡大會的那類人會感興趣。但原子時間的出現已徹底改變了日常生活。全球航空交通、電話網、金融市場，都倚賴原子鐘毫微秒程度的精確。（世界若沒有這些現代鐘，高頻交易這一備受唾棄的行為會於一個毫微秒裡消失無蹤。）每次低頭瞄一眼智慧手機以查看自己所在位置，就是在無意間查看了安置在近地軌道衛星中的二十四個原子鐘所構成的網絡。那些衛星一再發送出最基本的信號，無休無止：時間是十一點四十八分二十五．〇八四七三八秒……時間是十一點四十八分二十五．〇八四七三九秒……當手機試圖確定其所在位置，至少抓下三個來自衛星的這些時間戳，由於信號從衛星傳送到你手上的GPS接收器需要一段時間，三個時間戳所報的時間有些微差異。報出較晚時間的衛星，比報出較早時間的衛星來得近。衛星的所在位置完全可以預測，因此手機能用三個時間戳進行三角測量法，算出其確切位置。一如十八世紀的海軍導航員，GPS藉由比較時鐘來斷定你的所在位置。這在鐘表史上其實屢見不鮮：計時上的每個新進展，都使我們在支配地理上得以有相應的進步——從船，到鐵路，到航空，到GPS皆是。那是愛因斯坦若地下有知會大為激賞的一個想法：測量時間成為測量空間的關鍵。

下次你低頭看手機以查明當下幾點幾分或你身在何處，就像僅僅二十年前以同樣動作查看手表或地圖時，想想那個充滿人類巧思的廣大、多層次網絡，那個已架設定位而使那一動作成為可能的網絡。你能看出當下的時間，全拜以下諸多成就之賜：了解電子如何於銫原子內運行；知道如何從衛星發送微波信號以及如何測出那些信號確切的傳送速度；能把衛星安放在地球上空可靠的軌道，當然還有使衛星離開地表所需要的火箭科學；能在一組二氧化矽裡引發穩定的振動——遑論處理資訊、使資訊呈現於你手機上所不可或缺的計算與微電子學方面和網絡科學方面的種種進步。如今你不必知道這些東西就能看出現在幾點幾分，但進步就是那樣運行的：我們愈是建造龐大的科學知識庫、技術知識庫，就愈是把它們隱藏。每次你查看手機以了解現在幾點幾分，你就受到那種種知識無聲的幫助，但那些知識你看不到。這當然予人很大的便利，但也使人看不出自伽利略於比薩大教堂對著祭壇燈胡思亂想以來，我們已有多少進展。

碳十四年代測定法×皮耶・居禮：每五千年才滴答一下

乍看之下，時間測量的故事似乎全聚焦於加速，把一天細分為愈來愈小的增量，以使我們能更快移動東西：身體、美元、資訊位元。但在原子時代，時間也朝與前一趨勢完全相反的方向移動：放慢東西移動的速度，而非加快其速度；測量時間以極長歲月為單位，而非以微秒為單位。一八九〇年代，瑪麗・居禮（Marie Curie）在巴黎寫博士論文時，首度提出輻射不是分子間的某種化學反應，而是原子固有特性的說法——這一發現對物理學的發展影響極大，使她成為第一位贏得諾貝爾獎的女人。她的研究迅即引來她丈夫皮耶·居禮的注意，皮耶放棄對晶體的研究，轉而專心研究輻射。兩夫婦一起發現放射性元素以不變的速率衰變。例如碳十四的半衰期是五千七百三十年。把碳十四擺放約五千年，你會發現它只剩一半。

科學再度發現一新的「同樣時間」的來源，只是這個鐘不是記錄石英振盪的微秒，或銫原子電子的毫微秒。放射性碳的衰變，要用數百年或數千年來計算。皮耶·居禮推測，某些元素的衰變率或許可用來充當斷定岩石年齡的「時鐘」。但這項如今通稱為碳十四年代測定法的技術，要到一九四〇年代晚期才達到完善。大部分鐘把重點擺在測量當下的時間：現在幾點？但放射性碳鐘完全鎖定過去。不同的元素，衰變率大不相同，意謂著它們像是以不同的時間格局運行的鐘。碳十四每五千年「滴答一下」，但鉀四十每十三億年「滴答一下」。那使碳十四年代測定法成為測量人類歷史之久遠時期（deep time）的理想計時工具，而鉀四十則是測量地質時間（地球本身歷史）

的絕佳工具。放射性年代測定法一直是斷定地球本身年齡的關鍵工具，以最令人信服的證據證明聖經中地球有六千年歷史的說法純屬虛構。我們對史前人類在地球上的遷徙能有廣泛的了解，主要得歸功於碳十四年代測定法。從某個意義上說，放射性衰變的「同樣時間」已使史前時期變成信史。一萬多年前智人首度越過白令陸橋進入美洲時，沒有歷史學家能為他們的旅程留下文字紀錄。但他們的故事還是被他們骨頭裡的碳和他們在宿營地所留下的炭沉積物捕捉下來。那是用原子物理學的語言寫下的故事，但若沒有一新式時鐘，我們看不懂那個故事。沒有放射性年代測定法，人類遷徙或地質變化的「久遠時期」將猶如一部頁次已被隨意打亂的史書：充斥著事實，但未按事件發生先後順序鋪排且少了因果關係。知道當下時間一事，使未經處理的原始數據變得有意義。

在內華達州東部南斯內克山脈（Southern Snake Mountains）高處，有一片狐尾松林生長在乾燥、含鹼的土地上。就針葉樹來說，這些松是小樹，樹高很少超過九公尺，經年累月受到呼嘯過整個荒涼山脈的風吹襲而長得盤曲虬結。靠碳十四年代測定法（和年輪），我們知道有些狐尾松的樹齡已超過五千年，是地球上最老的活生物。

幾年後，會有人在那些松樹底下埋下一個鐘，一個從文明層次而非從秒的層次來測量時間的鐘。誠如此鐘的主要設計者，電腦科學家丹尼．希利斯（Danny Hillis）所說的，它會是「一個一年才滴答一次的鐘。百年指針每一百年前進一格，咕咕鳥一千年出來報時一次」。它被設計來記錄至少萬年的時間，而萬年約略就是人類文明誕生迄今的時間。它體現了另一種時間紀律：避免短程思考，強迫自己從百年、千年的層次思考我們的行動和行動後果的紀律。借用音樂家和藝術家布萊恩．埃諾（Brian Eno）的妙語，這個裝置被稱作「長今鐘」（Clock of the Long Now）。

「長今鐘」計畫的推動者，長今基金會（Long Now Foundation），由希利斯、埃諾、斯圖瓦特．布蘭德（Stewart Brand）和其他數位前瞻之士共同創立，旨在打造數個萬年鐘（第一個萬年鐘目前正在建造，欲埋設在德州西部某山腰）。為何如此大費周章建造可能在你一輩子裡只滴答一次的鐘？因為新的測量模式迫使我們從新的角度思考世界。一如石英的微秒和鉋的毫微秒提供了以無數方式改造日常生活的新構想，長今鐘的慢計時助我們以新的方式思考未來。誠如長今基金會董事凱文．凱利（Kevin Kelly）所說的：

如果你有一個運行一萬年的鐘，它會讓你想起哪種從世代層次發出的疑問和計畫？如果有個鐘能持續運作萬年，我們不也應力求讓我們的文明運行萬年？如果這個鐘在我們個人死去許久以後仍在運作，為何不嘗試進行需要未來數代人去完成的其他計畫？誠如病毒學家喬納斯．沙克（Jonas Salk）所提問的，更大的疑問是：「我們要當個好祖先嗎？」

在原子時代，存在這麼一個奇怪的時間弔詭：我們以愈來愈短的時間單位來過生活，受到以不可見方式計時且精確度無懈可擊的鐘導引；我們專注於事物的時間很短，放棄我們的自然節奏，轉而擁抱抽象的鐘表時間格網。

但在這同時，我們有能力想像、記錄數千年或數百萬年的歷史，探明橫跨數十個世代的因果鏈。我們能在想知道當下幾點幾分時低頭查看手機，得到精確無比的答案；但我們也能體認到，答案，從某個意義上說，應該是還在進行中的五百年：從伽利略的祭壇燈到尼爾斯．波耳的銫，從航海天文鐘到「史潑尼克」號。相較於伽利略時代的一般人，我們的時間視野已往兩個方向大幅擴張：從微秒到千年。

哪種時間測量方法最後會勝出：狹隘聚焦於短期，或掌握長遠當下（long now）的天賦？我們會是高頻交易者，還是好的先祖？只有時間能給我們答案。

第六章 光

我們知道技術創新是進步與生活水準的主要推手之一，知道我們應對讓人從一小時工資享有十分鐘人造光提升為享有三百天人造光的趨勢推波助瀾。如果我們認為創新來自單單一位天才從無到有發明一項新技術，那一模式自然會引導我們採取某種決策，例如更嚴密的專利保護……後來的發展表明，人造光與政治價值觀有更深厚的關聯。愛迪生照亮珍珠街區域才六年，就有另一位怪才於愛迪生所點亮之奇幻世界北邊幾個街區外的街頭行走時，把光的範圍往新的方向拓展。愛迪生的伙伴或許發明了電燈系統，但人造光的下一個突破會來自一位報導黑幕揭發醜聞的扒糞記者。

想像有個外星文明隔著數個星系觀察地球，尋找智慧生命的跡象，會有數百萬年歲月，幾乎沒有東西可報告，只有每日地球各地變動的氣象、每隔十萬年左右外擴和撤退緩緩移動的冰川、陸塊的遞增式漂移。但從約一個世紀前開始，突然能見到一項重大改變：夜裡，地球表面會因城市街燈而發光，先是出現在歐美，然後漸漸擴及全球，且愈來愈明亮。從太空看地球，人造光的出現堪稱是自六千五百萬年前希克蘇魯伯（Chicxulub）隕石撞上地球，使地球被超高溫灰塵團籠罩之後，地球史上最重大的改變。從太空看，代表人類文明興起的種種轉變都將不值一提：可與其他手指相對的拇指、文字、印刷機，與光人（Homo lumens）的熠熠才華相比，這些都將相形失色。

當然，若從地表看，人造光的發明，從具體可見的創新角度來衡量，有較多堪與其匹敵的成就，但它的問世，代表人類歷史上的一個轉折點。如今的夜空比一百五十年前亮上六千倍。人造光改變了我們工作、睡覺的方式，協助創造了全球通信網，可能不久後就會使人類在能量生產上有徹底的突破。在一般人的認知裡，燈泡很容易就讓人聯想到創新，因而它已成為新構想本身的一個暗喻：「燈泡」（lightbulb）時刻已取代阿基米德的「我發現了」（eureka），成為最可能被拿來歡呼觀念突然開竅那一刻的措詞。

人造光×蠟燭：照亮兩千年人類史

人造光有一點很奇怪，那就是它作為一項技術，曾千百年沒有進步。鑑於人造光是在十幾萬年前人類首度掌握火的使用時就問世，這一停滯不前的現象更特別引人注目。巴比倫人和古羅馬人發展出以油為基礎的燈，但這項技術在黑暗時代（相稱的命名）幾乎消失。有將近兩千年，一直到工業時代初萌時，蠟燭一直是提供室內照明的主要工具。用蜂蠟製成的蠟燭極受珍視，但太昂貴，除了神職人員或貴族，其他人用不起。大部分人將就使用獸脂蠟燭，這種蠟燭燃燒獸脂，製造出尚可接受的火焰，還伴隨著惡臭和濃煙。

誠如童謠所提醒我們的，製造蠟燭是這個期間的熱門行業。一二九二年起的巴黎課稅清冊，列出在該市做生意的七十二名製蠟燭者。但大部分尋常人家自製獸脂蠟燭，那很費工，可能要花上數天：把獸脂裝進容器加熱，把燭蕊放進裡面。在一七四三年某日的日記中，哈佛大學校長記載道，他花了兩天工製作了共七十八磅重的獸脂蠟燭，後來他靠這些蠟燭度過兩個月的夜晚。

人為何願意花那麼多時間自製蠟燭，原因不難想像。不妨想想一七〇〇年美國新英格蘭地區農民的生活情景。冬天那幾個月，太陽五點就下山，要度過十五個小時的漫漫黑夜才能再見光明；而且太陽一下山就漆黑一片，沒有路燈、手電筒、燈泡、螢光燈，就連煤油燈都還沒問世，只有壁爐搖曳的火光和冒煙的獸脂燭光。

那樣的長夜令人難耐，因而今日科學家認為，在無所不在的夜間照明問世之前，人的就寢模式大不同於今日。二〇〇一年，歷史學家羅傑・埃克奇（Roger Ekirch）出版了一部出色的專題論著。該書利用了數百份日記和使用手冊，以令人信服的理由主張人原本以兩段式睡眠度過長夜。天黑後，他們開始「第一段睡眠」，四小時後醒來，吃點東西、放鬆身心、做愛，或在爐火邊聊天，然後再回床上睡四個小時的「第二段睡眠」。十九世紀的照明，使人得以在日落後從事種種現代活動，從上劇院、上館子，到工廠做工不一而足，從而打亂那一古老的生活節奏。埃克奇詳述了夜裡只睡一次、一次連睡八小時的典型作息，如何被十九世紀的習慣打造出來，以因應人類聚居地照明環境的劇烈改變。一如所有因應環境的改變，此舉有利也必有弊：令全球數百萬人苦不堪言的半夜失眠，嚴格來講不是機能失調，而是反抗十九世紀作息準則的人體自然睡眠節奏的體現。凌晨三點仍然醒著是一種時差綜合症，其肇因是人造光，而非航空飛行。

獸脂蠟燭搖曳的燭光，未強到足以改變我們的睡眠模式。要促成那麼重大的文化改變，需要十九世紀那種穩定的照明亮光。到了十九世紀末，那光來自電燈泡裡燃燒的燈絲。但在光的世紀裡，第一個重大進步來自似乎會讓今日我們感到毛骨悚然的東西：五十噸重海洋哺乳動物的顱骨。

這個故事要從一場暴風雨說起。傳說一七一二年左右，在楠塔基特

（Nantucket）岸外，一股強勁的東北風把名叫胡塞（Hussey）的船長吹到外海。在看不到陸地的北大西洋上，他遇見大自然所創造的最古怪、最嚇人生物之一：抹香鯨。

胡塞費盡千辛萬苦終於用魚叉捕到這條鯨（但有些人認為牠根本是暴風雨時被沖上岸）。無論如何，當地人肢解這個龐然大物時，發現一無比古怪的東西：他們在牠的巨大頭顱裡腦子上方發現一個腔，腔裡滿是白色油性物質。因其形似精液，鯨腦油後來被稱作spermaceti[1]。

直到今日，科學家仍未完全清楚為何抹香鯨如此大量製造鯨腦油（一頭成年的抹香鯨，顱骨內有多達五百加侖的油）。有人認為抹香鯨用鯨腦油來取得浮力，另有人認為它有助於鯨魚的回音定位。但新英格蘭地區的人不久就發現鯨腦油的另一個用途：用鯨腦油製成的蠟燭，燭光比獸脂蠟燭更亮更白得多，而且沒有惱人的煙。到了十八世紀下半葉，鯨腦油蠟燭已成為歐美最受青睞的人造光來源。

在一七五一年寫的一封信中，班傑明・富蘭克林描述了這種新蠟燭有多合他的意：「提供明亮的白光；即使在大熱天仍可握在手裡，不會軟掉；它們滴下的蠟不像一般蠟燭那樣留下油痕；它們可撐得較久，且幾乎不用剪燭花。」鯨腦油照明很快就成為有錢人家的昂貴習慣。喬治・華盛頓估計，他一年花在鯨腦油蠟燭的錢，相當於今日幣值的一萬五千美元。蠟燭業獲利極高，於是一群製造商組成「鯨腦油蠟燭商聯合公司」（United Company of Spermaceti Chandlers）。這個組織俗稱「鯨腦油托辣斯」（Spermaceti Trust），旨在阻止競爭者進入這一行，迫使捕鯨業者壓低鯨油價格。

雖有這一公司壟斷蠟燭製造，凡是想辦法捕殺到抹香鯨的人，仍能得到豐厚的經濟報酬。鯨腦油蠟燭的人造光引發捕鯨業的蓬勃發展，打造出楠塔基特、埃德加敦（Edgartown）這兩個美麗的濱海城鎮。這兩個城鎮的街道如今予人優美之感，但捕鯨卻是個危險且令人反感的行業。數千人為追逐這些龐然大物而葬身大海，包括惡名昭彰的「埃塞克斯」號沉沒事件。赫曼・

1 鯨腦油是白色油性物質，因其形似精液，故被稱作spermaceti，字面意思為鯨魚精液。

梅爾維爾的傑作《白鯨記》，就從該事件得到靈感。

抽取鯨腦油的難度，幾乎和用魚叉捕殺鯨魚一樣高。要在鯨魚頭一側割出一個洞，然後人爬進位於鯨腦上方的腔室，在腐爛的屍骸裡待上數天，從其腦部刮取出鯨腦油。不妨想想，就在兩百年前，人造光還是這麼產生的：如果你的曾曾曾祖父想在天黑後看書，就得有個可憐蛋在鯨魚頭裡爬行一個下午。

僅僅百餘年，就有約三十萬頭抹香鯨遭殺害，若非我們在陸地上找到新的人造光來源，推出煤油燈、煤氣燈之類以石油為基礎的解決辦法，抹香鯨可能已被人殺光。這是滅絕史上較奇怪的轉折：由於人類發現深埋在地底下的古植物沉積物，大洋上一奇特的動物得以免遭滅絕。

通膨×人造光的成本：平均工資的真正購買力

化石燃料將在二十世紀生活的幾乎所有層面占據中心地位，但它們的首度商品化，卻是圍繞著光而展開。這些新燈的亮度是以往任何蠟燭的二十倍，而它們優越的亮度協助促成十九世紀下半葉報章雜誌業的爆炸性成長，因為下班後的晚間時光愈來愈適於閱讀。但它們也引發不折不扣的爆炸：每年有數千人死於閱讀燈的猛烈爆炸。

雖有進步，從今日的標準來衡量，人造光仍然極昂貴。在今日社會，光相對來講較便宜且充足；一百五十年前，天黑後閱讀是奢侈享受。人造光在那之後的持續進步，從罕見且低亮度的技術進步為無所不在且高亮度的技術，給了我們一張了解那段期間進步路徑的地圖。一九九〇年代晚期，耶魯大學歷史學家威廉・諾德豪斯（William D. Nordhaus）出版一部充滿新意的專題論著，書中鉅細靡遺繪出那條路徑，剖析了數千年創新期間人造光的真實成本。

經濟史學家想評估一段時期裡經濟體的整體健康程度時，平均工資是他們通常的切入點。今人賺的錢比一八五〇年還多？通膨的確使這種比較性問題不易解答：十九世紀日賺十美元，就屬中產階級上層。為何需要通膨表，原因就在此。它有助於我們理解，當時的十美元相當於今日幣值的一百六十美元。但通膨只帶我們看到整件事的局部。諾德豪斯主張：「重大技術變革期間，官方統計機構沒能力建構出呈現新技術對生活水平之影響程度的精確物價指數。基本難處源於一明顯可見但通常遭忽略的原因，即我們今日所消費的大部分商品，一百年前並未問世。」即使你在一八五〇年有一百六十美元，也買不到蠟筒留聲機，更別提iPod。經濟學家和歷史學家不只需要考量一貨幣的普遍價值，還要對那一貨幣所能買到的東西有所了解。

諾德豪斯就從這裡切入，建議用人造光的歷史來說明數百年裡工資的真正購買力。人造光的發光工具，多年來變化極大：從蠟燭到LED。但它們所製造的光是個常數，猶如日新月異的技術暴風雨裡的錨。於是，諾德豪斯提議以製造一千個「流明時」（lumen-hour）的人造光所耗的成本，作為他的測量單位。

一八〇〇年，一盞獸脂蠟燭製造一千個「流明時」要花費約四十美元。一九九二年諾德豪斯初開始編纂他的研究成果時，一顆螢光燈泡只要十分之一美分就能製造出同樣的光量。從效率上講，後者是前者的四百倍高。但當你拿成本與那個時期的平均工資相比，情況更為戲劇性。如果你以一八〇〇年的平均工資工作一小時，你能買到十分鐘的人造光；就一八八〇年的煤油燈來說，同樣的工時會給你在夜裡三個小時的看書時光；如今，用一小時的工資則能買到三百天的人造光。

從獸脂蠟燭或煤油燈的時代到今日大放光明的奇幻世界，這中間顯然事有蹊蹺。蹊蹺就出在電燈泡身上。

愛迪生×照亮街區：多位發明家在燈泡研發路上已奮鬥了八十年

電燈泡耐人尋味之處，在於如今人們一想到它，就會聯想到「天才」創新理論——一發明家在靈感乍現的一剎那發明一樣東西；但電燈泡問世背後的真實故事，其實反倒為截然不同的解釋性基準體系（網絡性／系統性創新模式）提供了有力的依據。燈泡的確標誌著創新史上的一個轉折點，但出於幾個全然不同的原因。聲稱燈泡是一群人共同的心血結晶，那不符事實，但若說那是湯瑪斯・愛迪生一人所獨力發明，更悖離事實。

正統說法這麼寫著：在發明了留聲機和股票行情自動收錄器，為自己的職業生涯寫下意氣風發的開端之後，三十一歲的愛迪生休了幾個月的假，遊歷美國西部——或許並非湊巧，這個地區的夜晚比有煤氣燈照明的紐約、紐澤西街頭要暗上許多。一八七八年八月，回到他位於門洛公園的實驗室兩天後，他在筆記本裡畫下三個圖表，替它們冠上標題「電光源」（Electric Light）。一八七九年，他為「電燈」（electric lamp）申請專利，那個電燈展現了我們今日所知燈泡的所有主要特點。到了一八八二年底，愛迪生的公司已在為下曼哈頓整個珍珠街區域的電燈提供電力。

那是個振奮人心的發明故事：門洛公園的青年才俊突然靈光一閃，幾年後他的構想就化為燈光照亮世界。這個故事的問題所在，在於愛迪生把心思放在白熾光之前，人們已在發明白熾光的路上奮鬥了八十年。燈泡包含三個基本要素：通電時發光的某種燈絲、防止燈絲太快燒光的某種裝置、供應電力以啟動反應的方法。一八〇二年，英國化學家韓福瑞・戴維（Humphry Davy）將一根細鉑絲接上一早期電池，使它燃燒發亮了幾分鐘。到了一八四〇年代，已有數十位發明家在各自研究大同小異的各種燈泡。第一項專利於一八四一年發給名叫佛雷德里克・德莫林斯（Frederick de Moleyns）的英格蘭人。歷史學家亞瑟・布萊特（Arthur A. Bright）編了一張表格（見二三二頁），列出一部分的燈泡發明者，而以一八七〇年代晚期湯瑪斯・愛迪生（Thomas Edison）拿下最後勝利為句點。

其中至少有一半的人已想到愛迪生最後想出的那個基本方案：一根碳絲，懸掛於真空中以防止氧化，藉此使燈絲不致太快燒光。事實上，當愛迪生終於開始把心思花在電光源時，曾花了數個月研究一個管理電力流動以防熔化的回饋系統，然後才放棄那一研究方向，改採真空——事實上，已有將近一半前輩採用真空作為持久發光的最佳環境。燈泡是那種經歷數十年歲月一點一滴累積而成的創新產物。在燈泡的故事裡，沒有靈光一閃即發明出新物那種「燈泡」時刻。愛迪生打開珍珠街車站的電燈開關時，已有另外幾家

年代	發明者	國籍	元素	氣體
1838	Jobard	比利時	碳	真空
1840	Grove	英國	鉑	空氣
1841	De Moleyns	英國	碳	真空
1845	Starr	美國	鉑 碳	空氣 真空
1848	Staite	英國	鉑／銥	空氣
1849	Petrie	美國	碳	真空
1850	Shepard	美國	銥	空氣
1852	Roberts	英國	碳	真空
1856	De Changy	法國	鉑 碳	空氣 真空
1858	Gardiner & Blossom	美國	鉑	真空
1859	Farmer	美國	鉑	空氣
1860	Swan	英國	碳	真空
1865	Adams	美國	碳	真空
1872	Lodyguine	俄羅斯	碳 碳	真空 氮氣
1875	Kosloff	俄羅斯	碳	氮氣
1876	Bouliguine	俄羅斯	碳	真空
1878	Fontaine	法國	碳	真空
1878	Lane-Fox	英國	鉑／銥 鉑／銥 石棉／碳	氮氣 空氣 氮氣
1878	Sawyer	美國	碳	氮氣
1878	Maxim	美國	碳	烴
1878	Farmer	美國	碳	氮氣
1879	Farmer	美國	碳	真空
1879	史旺（Swan）	英國	碳	真空
1879	愛迪生（Edison）	美國	碳	真空

公司在販售它們自家款式的白熾電燈泡。英國發明家約瑟夫・史旺（Joseph Swan）在這一年前就開始為民宅和劇院提供照明。愛迪生發明燈泡，一如史蒂夫・賈伯斯發明MP3播放器：他不是第一個發明的人，卻是第一個製造出在市場上大為暢銷之產品的人。

那麼為何功勞全歸愛迪生一人？那不免讓人想搬出許多人送給史蒂夫・賈伯斯的那個隱含譏刺的恭維：他是行銷、公關高手。這個時期的愛迪生的確把他與新聞界的關係打點得非常好（至少有一次，他把自家公司的股份分了一些給某記者，以換取較有利的報導）。愛迪生也是虛張聲勢，搞今人所謂「空氣產品」（vaporware）招術的高手。他宣布根本不存在的產品以嚇退競爭者。他開始研究電光源後才幾個月，就告訴來自紐約報界的記者，說問題已經解決，他即將推出一全國性的神奇電光源系統。他說，那個是簡單到「擦鞋匠都會懂」的系統。

儘管如此自信滿滿，愛迪生實驗室裡最好的電光源仍撐不了五分鐘，但他未因此就打消邀報界記者到門洛公園實驗室參觀他革命性燈泡的念頭。愛迪生一次只帶一個記者進去，打開燈泡上的開關，讓該記者欣賞燈光三或四分鐘，然後把他帶出房間。當記者問他的燈泡能亮多久，他篤定的答道：「永遠，幾乎永遠。」

但儘管如此唬弄，愛迪生和他的團隊最後還是交出一件革命性的神奇產品，蘋果行銷部門所可能稱之為愛迪生燈泡的產品。公關和行銷能幫的忙就只到這裡。到了一八八二年，愛迪生已製造出令競爭者望塵莫及的燈泡，一如iPod在其推出的頭幾年令其MP3播放器對手甘拜下風。

從某個方面來說，愛迪生的燈泡「發明」，比較談不上是個了不起的點子，倒應該說是細節上殫精竭慮力求完美的體現（他那句「發明是百分之一靈感和百分之九十九汗水」的名言，用在他於人造光上的努力的確貼切）。為愛迪生對電燈泡的最重大貢獻，可以說是他最後決定採用碳化竹絲一事。為使鉑成為管用的燈絲，愛迪生浪費了至少一年，但鉑太昂貴且易熔化。愛迪生揚棄鉑後，他和他的團隊在短時間內接連試用了多種材料，猶如逛遍一座植物園：「賽璐珞、刨花（黃楊木、雲杉、山核桃木、桃花心木、雪松、紅木、楓的刨花)、火絨、栓皮櫧、亞麻、椰子纖維和椰子殼,以及多種紙。」經過一年的實驗,竹子脫穎而出,被認為是最耐用的物質,從而開啟了全球商業史上極奇怪的一章。愛迪生陸續派了多位門洛公園代表到世界各地搜尋自然界能發出最強白熾光的竹子。有個代表在巴西境內河川乘小船走了兩千英里路。另一位代表前往古巴,不久就因染上黃熱病病死在當地。還有一位代表名叫威廉・摩爾(William Moore),前往中國、日本,與一名當地農民談定交易,供應門洛公園那些怪傑所見過的最強韌竹子。這項協議沿用多年,供應了將在世界各地照亮房間的燈絲。愛迪生或許未發明燈泡,但他的確開啟了日後將攸關現代創新的一項傳統:美國電子公司從亞洲進口所需的零件。唯一差別在於,在愛迪生的時代,亞洲的工廠是森林。

愛迪生能成功的另一個關鍵因素,在於他在門洛公園聚集到一批人輔助他,愛迪生稱他們為「伙伴」(mucker)。這些「伙伴」各有所長,國籍分殊:英國籍機修工查爾斯・貝秋勒(Charles Bachelor)、瑞士籍機器操作員約翰・克魯西(John Kruesi)、美國籍物理學家和數學家法蘭西斯・厄普頓

（Francis Upton），還有十二名左右的製圖員、化學家和金屬加工工人。愛迪生的燈泡，與其說是個新發明的東西，不如說是利用既有東西予以小幅改良而成的產物，事實表明團隊成員的多樣性是愛迪生的一個基本優勢。例如，要解決燈絲的難題，需要對電阻和氧化有科學性的了解，而厄普頓正可在此派上用場，補強愛迪生較非正規教育出身、較直覺性的作風；貝秋勒利用手邊材料即興製作機械的本事，使他們得以測試許多種候選的燈絲材料。門洛公園標誌著將在二十世紀大顯身手的一種組織的開端：跨科際的研發實驗室。就這個意義來說，從貝爾實驗室和全錄帕羅奧多研究中心（Xerox-PARC）之類地方出來的革新性構想和技術，都淵源於愛迪生的工作室。愛迪生不只發明技術；他還發明了一整套發明用的制度，一套將支配二十世紀工業的制度。

愛迪生也協助開啟了另一個對當今高科技創新至關重要的傳統：用股票支付其員工報酬，而非只是用現金。一八七九年，燈泡研究來到最如火如荼的階段，愛迪生給予法蘭西斯・厄普頓「愛迪生電燈公司」百分之五的股權，但厄普頓得宣布放棄其一年六百美元的薪水。厄普頓猶疑再三，最後決定不顧其理財較保守的父親反對，接受這一股權贈予。到了該年年底，由於愛迪生公司股票價值暴增，他的持股已值一萬美元，相當於今日幣值一百多萬美元。厄普頓以有些失禮的口氣寫信告訴父親：「想到你在家謹小慎微的作風，我不禁笑了出來。」

無論從何種標準來看，愛迪生都是不折不扣的天才，十九世紀創新界的偉人。但誠如燈泡故事所闡明的，我們誤解了他的過人之處。他最大的成就或許在他懂得如何使團隊發揮創造力：將本事各異的諸人聚集在看重實驗且接受失敗的工作環境裡，利用與組織整體績效連動的金錢報酬激勵團隊，善用他人他地所率先提出的構想以取得更大進展。「那些可能想要先我一步發明新東西的人，他們的響亮名氣和名聲我並不是特別佩服……是他們的『構想』打動了我，」愛迪生說：「有人說我『比較像是個海綿，而不像是個發明家』，說得很對。」

燈泡是網絡式創新的產物，因此，電燈最後呈現為一個網絡或系統，而非單一實體，倒也是順理成章的事。對愛迪生來說，真正成功的一刻，並非出現在竹絲於真空裡發光之時，而是出現在兩年後珍珠街區域大放光明之時。為實現此舉，的確需要發明燈泡，但也需要可靠的電流來源，需要一個將該電流配送到整個居住區的系統，需要一個將各個燈泡與電網相連的機械裝置，需要一個用來衡量每一戶用了多少電的流量計。燈泡本身是個新奇的東西，令記者大為著迷的東西。但愛迪生和其伙伴所創造出來的東西，遠不只如此：一個由多種創新物構成的網絡，那些創新物彼此相連，共同促使神奇的電燈既安全又讓人用得起。

愛迪生是以自己過人天賦獨力發明燈泡，還是以更大網絡之一環的身分發明燈泡，這問題我們為何該寄予關注？首先，如果要把燈泡的發明當成典型的技術誕生故事，我們就該把這件事說個清楚。但那不只是弄清事實就好，因為這類故事脫離不了社會、政治因素。我們知道技術創新是進步與生活水準的主要推手之一，知道我們該對讓人從一小時工資享有十分鐘人造光提升為享有三百天人造光的趨勢推波助瀾。如果我們認為創新來自單單一位天才從無到有發明一項新技術，那一模式自然會引導我們採取某種決策，例如更嚴密的專利保護。但如果我們認為創新來自合作性的網絡，我們就會偏向支持不同的政策和組織形態：較不嚴格的專利法、開放的標準、員工認股、跨科際連結。燈泡所照亮的，不只是床邊讀物；它還助我們更清楚看到新構想誕生的方式，以及身為社會成員的我們能如何培養新構想。

後來的發展表明，人造光與政治價值觀有更深厚的關聯。愛迪生照亮珍珠街區域才六年，就有另一位怪才於愛迪生所點亮之奇幻世界北邊幾個街區外的街頭行走時，把光的範圍往新的方向拓展。愛迪生的伙伴或許發明了電燈系統，但人造光的下一個突破會來自一位報導黑幕揭發醜聞的扒糞記者。

一八六一年×古夫金字塔：閃光攝影技術問世

在吉薩大金字塔正中央附近的深處，坐落著一個以花崗岩為壁面的凹室，人稱「國王室」（King's Chamber）。這個房間裡只有一樣東西：一只用紅色亞斯文花崗岩鑿成的長方形箱子，有時被稱作保險箱（coffer），箱子未蓋住，一角被削掉。國王室之名源於一項推測：這個箱子原是個石棺，裡面擺放了古夫的遺體，古夫即是四千多年前建造這座金字塔的法老。但有多位見解獨特的埃及學家認為，這個箱子有別的用途。有個仍在流傳的說法指出，這個箱子內部的長寬高與聖經所述的原始約櫃的長寬高一模一樣，有些人因此認為這個箱子曾擺著那個傳說中的約櫃。

一八六一年秋，有個外地人來到國王室，抱著一個同樣光怪陸離的說法，那個說法圍繞著舊約聖經的方舟鋪陳。這個人是查爾斯．皮亞濟．史密斯（Charles Piazzi Smyth），已擔任蘇格蘭皇家天文學家十五年，但他是維多利亞時代典型的博學之士，興趣駁雜。史密斯於不久前讀了一部怪書，該書主張金字塔最初是聖經人物諾亞所造。他在紙堆裡研究埃及學甚久，對這個說法非常著迷，於是離開愛丁堡，前往吉薩以實地調查。他的調查工作最終產生一套結合數字命理學和上古歷史的奇怪學說，在接下來的幾年化為一連串書籍和小冊子問世。史密斯詳細分析古夫金字塔的結構後深信，該金字塔的建造者倚賴一個與今日英寸幾乎等值的測量單位。史密斯認為這一致性表明英寸是上帝直接傳授給諾亞本人的神聖測量單位，從而給了史密斯攻擊已從英吉利海峽對岸悄悄入侵的公尺制所需的彈藥。埃及寸的曝光，表明公尺制不只是居心不良的法國影響力的表徵，還是背叛神意的表現。

史密斯在大金字塔的科學發現或許禁不起時間考驗，乃至未能使英國免於走上公尺制。但他還是在國王室裡創造了歷史。史密斯帶了笨重脆弱的濕板攝影工具（當時最先進的攝影器材）到吉薩，以記錄下調查結果。但用火棉膠處理過的玻璃板，在國王室裡捕捉不到清楚的影像，即使那房間裡有火把照明亦然。自從用銀版照相法拍出的第一批照片於一八三〇年代印出後，攝影師一直在摸索改進人工照明，但至這時為止，幾乎所有解決方案都不理想（蠟燭和煤氣燈可想而知都不管用）。早期的實驗將碳酸鈣球加熱，產生石灰光（limelight）——此後直至電燈問世為止，均由石灰光替劇院舞台照明——但用石灰光拍出的照片有反差強烈和臉部死白的缺點。

上述人工照明實驗的失敗，意謂著在史密斯於國王室架好他的設備之時，也就是銀版法問世三十多年後，攝影仍完全倚賴天然光，而在龐然金字塔的最核心，天然光並不充足。史密斯聽過最近有攝影師嘗試用鎂絲打光，把鎂絲搓成弓形點火，用其火光捕捉光線不足的影像。這一技法很有前景，但光源不穩且會產生讓人不舒服的不少濃煙。在密閉環境裡燒鎂絲，往往使一般人像照像是在濃霧裡拍成。

史密斯理解到他在國王室裡所需要的人造光源，較近似閃光，而非緩緩燃燒發出的光。於是，他把鎂與尋常火藥混在一塊，創造出受控制的小爆炸，瞬間照亮國王室的牆壁，使他得以將該室的祕密記錄在他的玻璃板上——就我們所知，這是史上第一次。如今，穿過大金字塔的觀光客，都會看到塔內禁用閃光燈攝影的告示牌。但告示牌未提到，大金字塔也是閃光攝影問世的所在。

雅各．里斯×閃光燈：第一次忠實呈現貧民窟的骯髒與苦難影像

或者至少可以說，那是閃光攝影問世的地方之一。一如愛迪生的燈泡，閃光攝影起源的真實故事，其實比上述說法複雜，牽扯到更多人事物。重大構想由諸多較小的漸進式突破匯集而成。史密斯或許是第一個想出將鎂與富含氧氣的可燃物結合在一塊的人，但閃光攝影本身要再經過二十年才成為主流手法。阿道夫．米特（Adolf Miethe）和約翰內斯．格迪克（Johannes Gaedicke）這兩位德國科學家，把細鎂粉與氯化鉀混合在一塊，創造出較穩定的混合物，使人得以在光線不足環境裡拍出高快門速度的照片。他們把那稱作Blitzlicht，字面意思為「閃光」。

米特與格迪克發明閃光燈的消息，不久就傳到德國境外。一八八七年十月，紐約某報以四行字報導了Blitzlicht的消息，它算不上是頭版新聞，大部分紐約人根本沒注意到它。但閃光攝影的構想在某位讀者腦海裡引發一連串發想，這人是刑事案記者和業餘攝影師，與妻子在布魯克林用早餐時無意

間看到這則報導。他叫雅各・里斯（Jacob Riis）。

當時是二十八歲丹麥移民的里斯，日後會以十九世紀晚期最早的扒糞記者的身分進入史冊。他揭發分租公寓的骯髒，從而引發一場進步主義改革運動，其貢獻是那個時代其他人所不能及。但在一八八七年那頓早餐之前，里斯揭露曼哈頓貧民區駭人生活環境的作為，一直未能使輿論有重大改變。里斯是時任紐約市警政首長西奧多・羅斯福（Theodore Roosevelt）的密友，深入調查曼哈頓「五點」（Five Points）等髒亂居住區已有數年。五十多萬人擠在曼哈頓某些區域僅僅一萬五千棟分租公寓裡，人口密度居世界之冠。里斯很喜歡於深夜從桑樹街（Mulberry Street）的市警局總部回布魯克林家途中，徒步穿過那些單調乏味的巷弄。他後來憶道：「我們常在凌晨時分走進最糟糕的分租公寓點人頭，以了解那裡是否違反了禁止過度擁擠法。那裡的景象令我揪心，最後我覺得若不把那些景象說出來，我會受不了，或變成無政府主義者之類的。」

里斯驚駭於他的踏查發現，開始著手為當地報紙和《斯克里布納》

（*Scribner's*）、《哈潑週刊》（*Harper's Weekly*）等全國性雜誌撰文，談分租公寓居民的集體悲慘生活。撰文揭露城市之恥，至少在狄更斯一八四〇年走訪紐約之行時就已出現，里斯所為正是承繼這一悠久的揭醜傳統。此前已有人發表數篇調查報告，詳盡介紹分租公寓生活的貧困，比如〈衛生與公共健康委員會報告〉。內戰之後，以「五點」之類居住區為對象而自成一類的「光明陰暗面」旅遊指南大行其道，為實地探索大都市生活之髒亂面的好奇遊客提供旅遊指導，或至少讓好奇遊客置身安全的小城，靠他人的文字介紹紙上神遊——slumming it（過著極寒傖的生活）這個短語，就源自這些觀光探險活動。這些記述儘管風格有異，都有一特性：它們對改善貧民區居民的實際生活環境幾無影響。

里斯老早就覺得分租公寓改革（和整個都市掃貧）的關鍵，最終在於人能否想像那種生活。除非於午夜後親自走過「五點」居住區的街道，或進入由多戶人家合租的公寓的幽暗內部，人無法想像出那是什麼樣的生活環境，它們與大部分美國人，或至少與大部分有投票權的美國人的日常生活經驗相隔太遠；因此，清理市容的行動，始終未能取得足夠的民意支持，無法克服漠不關心這道障礙。

一如此前其他記錄都市貧民區者，里斯嘗試以生動刻畫分租公寓之不人道環境的插畫來達成他的目的。但素描始終把苦難美化，就連最黯淡乏味的底層髒亂居住區，看來都幾乎和蝕刻畫一樣散發典雅的韻味。似乎只有照片的逼真足以改變人心，但每次里斯嘗試用攝影來呈現，都碰到同樣一個死胡同。他想拍下的人事物，幾乎個個處於光量非常稀少的環境。事實上，許多分租公寓連間接的天然採光都不足，而那正是使那類公寓令人望而卻步的原因之一。這就是里斯所碰到的最大障礙：就攝影來說，城市裡最重要的環境，甚至應該說世上某些最重要的新居住區，根本不可見。它們無法呈現於照片上。

這一切正足以說明為何一八八七年吃著早餐時，雅各．里斯會恍然大悟。既然閃光燈能照亮黑暗，又何必費事畫素描？

早餐之悟後不到兩個星期，里斯就聚集了一批業餘攝影師（和一些好奇的警察），出發進入那個幽暗城市的深處，並配備閃光燈這項武器（他們從左輪手槍射出含有細鎂粉和氯化鉀的子彈來製造閃光）。許多「五點」居住區的居民覺得這支射擊隊的行事難以理解。誠如里斯後來所說的：「六個配戴大隻手槍的怪人於午夜時分闖入房子，四處亂開槍，那景象，我們再怎麼甜言蜜語，都無法讓人放心，而我們所到之處，如果有租戶迅速跳出窗戶，跑下太平梯，也就不足為奇。」

不久，里斯就以長柄平底鍋取代左輪手槍。他說，這個裝置似乎比較「家常」，使他的拍攝對象碰上這個令人困惑的新技術時比較自在一些（對他們大部分人來說，光是被拍這個舉動就是個新鮮事）。但那仍是具危險性的工作；有次，平底鍋裡的一場小爆炸差點炸瞎里斯的眼睛，還有兩次他用這種閃光做實驗時，使他的房子著火。但那些都市外拍行動所拍出的照片，最終會改變歷史。里斯使用新問世的網目版印刷術，在他大賣特賣的《另一半人如何過活》（*How the Other Half Lives*）中發表那些照片，並遠赴全國各地演說，在演說中放映幻燈照，呈現「五點」居住區和此前未被人看到的該地貧窮情況。一群人聚在黑暗房間裡，看銀幕上明亮的影像，這在二十世紀會成為馳騁幻想、實現想望的一項習慣活動。但對許多美國人來說，他們在那樣的環境裡所看到的第一批影像，乃是骯髒與人類苦難的影像。

里斯的著作與演說，還有它們所包含的迷人影像，協助促成輿論的大轉移，為美國史上一個偉大的社會改革時期打好條件。里斯所拍的影像發表不到十年，就為「紐約州一九〇一年分租公寓法」的通過爭取到民意支持。此法是進步主義時期第一批重大改革成果之一，消除了不少被里斯詳細記錄的駭人生活環境。他的奮鬥成果開啟一新的揭醜傳統，而最終也將改善工廠工人的工作環境。照亮分租公寓的陰暗骯髒內部一事，的確改變了世界各地都市的地圖。

在此我們再度看到蜂鳥效應在社會史的奇怪展現，新發明導致其發明者所完全料想不到的後果。混合鎂與氯化鉀所產生的功用似乎再清楚不過：閃光使人能比以往更精確地記錄下黑暗環境裡的影像。此一新能力也拓展了其他觀看方式的可能性，這是里斯幾乎立即就看出的一點。如果能看到黑暗中的事物，如果能透過神奇的攝影術把黑暗中所看到的分享給世界各地的陌生人，那麼「五點」這個底層世界的悲慘現狀就能全盤呈現於世人眼前。「衛生與公共健康委員會報告」的枯燥、統計性記述，將被數人合住骯髒不堪空間的紀實照片所取代。

發明閃光攝影的諸多人士，從最早致力於修改石灰光者，到史密斯，再到米特與格迪克，一開始時就懷有明確的目標：打造一個能讓人在黑暗中拍下照片的工具。一如人類史上的幾乎每個重大創新，那一突破創造出一個使截然不同領域有機會出現其他創新的平台。我們喜歡把世界井然有序的分類：攝影歸此，政治歸彼，但閃光燈的歷史提醒我們，構想總是以網絡形態傳播。它們透過通力合作的網絡誕生，而一旦問世，立即啟動改變，而且那些改變鮮少受限在個別學科。為發明閃光攝影而付出一個世紀的努力，改變了下個世紀數百萬城市居民的生活。

里斯的願景也應有助於糾正狂妄粗糙的技術決定論。閃光攝影在十九世紀發明問世，幾乎是必然的事（它被發明了多次一事，表明這一構想實現的時機已經成熟）。但這一技術的內涵，並未建議人將它用於照亮最用不起它的那些人的生活。你可以合理預測，陰暗環境攝影的難題會在一九〇〇年前「解決」。但沒有人可預測，它的頭一項主要用途是在掃除都市貧窮。那一轉折只能歸因於里斯一人。技術的進步拓展了我們周遭的可能性空間，但要如何探索那一空間，操之在我們手上。

拉斯維加斯×霓虹燈：後現代主義的建築燈光秀

一九六八年秋，耶魯大學藝術與建築學院某研究生工作室的十六名成員（三名教師和十三名學生），啟程展開為期十天的考察之旅，實地前往某城市街頭研究都市設計。這不是什麼新鮮事，自有建築系以來，建築系學生就會前往羅馬或巴黎或巴西利亞參觀廢墟和古蹟。這一群人的不尋常之處，在於他們拋棄紐哈芬市的哥德式魅力，前往大不相同的城市，一個比任何擁有古老遺產的城市成長都要快速的城市：拉斯維加斯。那是個看來與里斯探索曼哈頓的稠密分租公寓無一處相似的城市。但一如里斯，這個耶魯研究生工作室意識到在賭城大道上正發生著前所未有且意義重大的事。這個工作室由夫妻檔羅伯特．溫圖里（Robert Venturi）和德妮絲．斯科特．布朗（Denise Scott Brown）領軍，兩人日後會成為後現代主義建築的創建者。由於拉斯維加斯的新奇，由於認真看待那份新奇，從中感受到衝擊，由於意識到他們正在看著未來誕生，這群人被吸引到這個沙漠邊區。但他們來到拉斯維加斯，也是為了看一種新的光。他們被氖燈（霓虹燈）吸引過去，像後現代主義的蛾被火焰吸引過去。

氖被視為「稀有氣體」的一種，但其實在地球的大氣層裡它無所不在，只是量非常少。每次你吸進一口氣，都吸進充塞整個可呼吸空氣的氮與氧，同時吸進與氮和氧混在一塊的微量的氖。二十世紀初年，法國科學家喬治．克羅德（Georges Claude）創造出一套液化空氣的方法，使人得以製造大量的液態氮和氧。以工業規格大量處理這些元素，創造出一項令人好奇的廢棄物：氖。在一般空氣裡氖只占其六萬六千分之一，但克羅德的裝置能在一天的運作中製造一百公升的氖。

有這麼多氖可供使用，克羅德決定探明其用途，於是以瘋狂科學家的一貫作風，將這氣體隔離，然後予以通電。受到電擊後，這氣體發出鮮豔的紅光（這一過程的術語叫作電離作用）。進一步的實驗揭露，氬、汞汽之類的其他稀有氣體，通電後會發出不同顏色的光，而且它們的亮度是傳統白熾光的五倍多。克羅德迅即替他的霓虹燈取得專利，在巴黎大皇宮前展示這項發明。對他這項產品的需求暴增，他隨之為他的新發明創立了加盟連鎖企業，作法與數年後的麥當勞、肯德基無異，霓虹燈就此開始在歐美的都市裡擴散開來。

一九二〇年代初期，湯姆・楊格（Tom Young）見識到霓虹燈光。他是住在猶他州的英國移民，從事手寫招牌的小生意。楊格認識到氖的用途不只是製造有顏色的光；把這種氣體密閉在玻璃管裡製造出的霓虹招牌，比用燈泡拼組，更為容易拼出招牌字。他取得克羅德發明的使用許可，創立了一項涵蓋美國西南部的新事業。楊格理解到不久後將完工的胡佛大壩會替該沙漠地區帶來豐沛的新電源，提供可讓整個城市透過電離作用遍布霓虹燈的電力。他創立新風險事業，楊格電氣招牌公司（Young Electric Sign Company）。不久，他就接到替新賭場暨飯店The Boulders製作招牌的生意。這家賭場暨飯店要在內華達州一個沒沒無聞的城市開張，地名拉斯維加斯。

一場偶然的邂逅，來自法國的新技術落到猶他州一名招牌業者手上，將創造出二十世紀令人嘆為觀止的一場都市經驗。霓虹燈廣告成為世界各地大都市的一大特色——想想紐約時代廣場或東京的澀谷道口，就可知此言不虛。但說到擁抱霓虹燈的那股熱情，沒有哪個城市比拉斯維加斯來勁，而且該地光彩奪目的霓虹燈招牌，大部分由楊格電氣招牌公司設計、裝設、維護。「拉斯維加斯是世上唯一不用建築……而是用招牌，打造天際線的城市，」湯姆．沃爾夫（Tom Wolfe）於一九六〇年代中期寫道：「在九一號道路上距拉斯維加斯一哩處往那裡望去，看不到建築和樹，只看到招牌。叫人嘆為觀止的招牌！它們高高聳立，旋轉，擺動，以不同造形上升，歷來的藝術語彙在它們面前完全無能為力。」

正是這股無能為力之感，把溫圖里、布朗和追隨他們的建築系學生於一九六八年秋帶到拉斯維加斯。布朗和溫圖里已察覺到在那個熠熠耀眼的沙漠綠洲中有新的視覺藝術語言出現，而且是與既有的現代主義設計語言有些格格不入的藝術語言。首先，拉斯維加斯已根據行駛在佛萊蒙特街（Fremont Street）或賭城大道上的汽車駕駛人的視點來定位自己：商店櫥窗和人行道廣告招牌已讓位給一點八公尺高的霓虹牛仔。紐約西格蘭大樓（Seagram Building）或巴西利亞市的嚴正幾何性已讓位給肆無忌憚的搞怪：以Olde English麥芽酒的封建時代設計為背景，淘金潮的西大荒聳然呈現，旁邊有漫畫風阿拉伯式花飾圖案，前面是一連串多不勝數的結婚小教堂。「對今或昔的暗指與評論，或對我們的尋常論調或陳詞濫調的暗指與評論，以及將環境裡每天發生之事，神聖與世俗之事，包含在內——這些是在今日的現代建築裡所付諸闕如的，」布朗和溫圖里寫道：「我們能從拉斯維加斯了解它們，一如其他藝術家已從他們世俗的、風格主義的來源了解它們。」

暗指與評論的語言以及陳腔濫調被人用霓虹燈光寫下。布朗與溫圖里甚至把佛萊蒙特街上可見到的每個發光字詞標示在地圖上。他們寫道：「十七世紀時，魯本斯創造了一個繪畫『工廠』，在那個工廠裡，不同的工人分別專精於衣紋、葉飾或裸像。在拉斯維加斯，正有這樣一個招牌『工廠』，楊格電氣招牌公司。」在那之前，拉斯維加斯的符號狂熱始終完全屬於低俗的商業世界：替賭窟或更糟的地方指路的花俏招牌。但布朗和溫圖里已在那遍布岩屑的地方看到更有趣的東西。一如喬治．克羅德在六十多年前所體驗到的，一人的廢物是另一人的寶物。

想想這些性質各異的人事物：直到一八九八年才被人注意到的某稀有氣體的原子；一名科學家和工程師小幅修改從「液態空氣」產生的廢棄物；一名積極進取的招牌設計師；一個不可思議的蓬勃發展的沙漠城市。這些人事物的因緣和合，使《向拉斯維加斯學習》（*Learning from Las Vegas*）一書和其內容，成為任何人都想得出的東西。這本書在日後幾十年裡受到建築師和都市計畫師研讀、爭辯，而且是對後現代主義風格（主宰此後二十年之藝術與建築的風格）影響最大的書。

長鏡頭探究法揭露了被歷史的傳統解釋架構（經濟史或藝術史，或者「單一天才」的創新模式）所忽略的元素，而《向拉斯維加斯學習》一書正為這個說法提供了清楚且詳盡的說明。當你問為何後現代主義以運動的形態出現時，其答案，在某個基本層次上，必須包含喬治・克羅德和其數百公升的氖。克羅德的創新絕非唯一的原因，但若當初沒有霓虹燈問世，後現代主義建築很可能會走不同的道路。氖氣體和電兩者的奇怪相互作用、授權使用新技術所採的加盟模式，一一都是使人得以發想出《向拉斯維加斯學習》的支持性結構的一部分。

或許有人覺得這類似另一個「凱文・貝肯的六度分隔」（Six Degrees of Kevin Bacon）遊戲：循著足夠的因果鏈，你能把後現代主義與許久之前的長城建造或更久之前的恐龍滅絕扯上關係。但氖與後現代主義的關聯是直接的連結：克羅德創造霓虹燈光；楊格把它帶到拉斯維加斯，而在拉斯維加斯，溫圖里與布朗率先決定認真看待「旋轉、擺動」的霓虹燈光。沒錯，溫圖里和布朗還需要電，但一九六〇年代，幾乎事事需要電：登陸月球、地下絲絨（Velvet Underground）搖滾樂團、金恩的「我有個夢」演說。同樣地，溫圖里和布朗也需要這些惰性氣體；他們還需要氧，才能寫成《向拉斯維加斯學習》。但使他們的故事與眾不同的，乃是氖這個稀有氣體。

《星際大戰》×雷射光束：結帳櫃台上的條碼掃瞄機

構想從科學一點一滴流出，流入商業之河，再從那裡漂流入動向較難預料的藝術、哲學漩渦裡。但有時構想大膽往上游走：從美學的揣測進入自然科學。一八九八年威爾斯（H. G. Wells）出版其劃時代小說《世界大戰》（*The War of the Worlds*），協助創造出將在二十世紀的大眾想像裡扮演極重要角色的新一類創作體裁——科幻小說。但那本書把一個較具體的東西介紹給剛開始發展的科幻小說創作：入侵地球的火星人用以摧毀整座城鎮的「熱光」（heat ray）。威爾斯寫到他筆下有高科技文明的外星人：「他們能以某種方式在一幾乎完全不具傳導性的室裡產生高溫，然後靠一面光滑而組成成分不詳的抛物面反光鏡，將這一高溫以一道平行光束投射向他們所選中的東西，作法就和燈塔的抛物面反光鏡投射出光束差不多。」

這個熱光是那些深深烙印在大眾腦海裡的想像物之一。從《飛俠哥頓》（*Flash Gordon*）到《星艦迷航記》到《星際大戰》，光束武器幾乎是任何夠先進的未來文明必有的東西。但雷射光束直到一九五〇年代晚期才真正問世，而且要再過二十年才會成為日常生活的一部分。科幻小說作者領先科學家一或兩步，這不是頭一遭。

但科幻迷搞錯一件事，至少短期內是如此。沒有死光這種東西，我們目前所擁有最接近飛俠哥頓之武器的東西是雷射槍射擊遊戲（laser tag）。雷射終於進入我們的生活時，因質量不佳不足以充當武器，卻很適合做科幻小說作家所從未料想到的一件事：確定一條口香糖的價錢。

一如燈泡，雷射也不是單一發明，而是如技術史學家瓊恩．葛特納（Jon Gertner）所說：「它是一九六〇年代期間諸多發明的產物。」它肇始於貝爾實驗室與休斯飛機公司的研究，以及物理學家戈登．古爾德（Gordon

Gould）的獨立摸索。古爾德在曼哈頓某糖果店裡讓他充滿創意的雷射設計方案得到公證，接著就雷射專利案打了三十年的官司（最後打贏）。雷射是極為集中的光束，光在正常情況的混亂狀態被縮減為單單一個有序的頻率。貝爾實驗室的約翰・皮爾斯（John Pierce）曾經論道：「雷射之於一般光，就如廣播信號之於靜電。」

但與燈泡不同的，早期對雷射感興趣，並非出於打造消費性產品的明確意圖。研究人員知道雷射的集中信號可用來嵌入資訊，其效率比現有的電線還要高，但對於要如何利用那一頻寬，就比較不清楚。皮爾斯於當時解釋道：「當出現這類與信號發送和通信有密切關係的東西，且那是個幾未被理解的新東西，而你又有人可研究它時，你最好放手去做，以後再去煩惱為何著手研究它。」最後，誠如大家所知，因其在光纖裡所發揮的作用，雷射技術成為數位通信所不可或缺的東西。但隨著一九七〇年代中期條碼掃瞄機的問世，雷射的第一項重要運用出現在結帳櫃台上。

創造出某種可被機器讀取的代碼以鑑定產品和價格的構想，已在人們腦海裡漂浮了五十年。有位名叫諾曼‧約瑟夫‧伍德蘭（Norman Joseph Woodland）的發明家，受摩斯密碼的長劃與點所啟發，一九五〇年代設計出一個類似靶心的視覺碼，但要讀出這個代碼，需要一顆五百瓦的燈泡（亮度為一般燈泡的十倍左右），而且即使讀出都不大精確。後來的發展表明，掃瞄一連串黑白符號，是雷射所立即能得心應手的工作，即使是剛問世的雷射亦然。到了一九七〇年代初期，也就是第一批有用的雷射初登場之後才幾年，現代的條碼系統，即通用商品編碼（Universal Product Code）被奉為主要標準。一九七四年六月二十六日，俄亥俄州某超市的一條口香糖成為史上第一個由雷射掃瞄過條碼的商品。這項技術傳播緩慢；晚至一九七八年，仍只有百分之一的商店有條碼掃瞄機。但如今，你所能買到的東西，幾乎樣樣都打上了條碼。

二〇一二年，經濟學教授埃梅克‧巴斯克（Emek Basker）發表一篇文章評估條碼掃瞄對經濟的衝擊，文中詳述這項技術如何透過夫妻經營的小店和大型連鎖店散播開來。巴斯克筆下的數據證實了早早採用新技術一事的典型效應：早早採用條碼掃瞄機的商店，大部分從中受益不大，因為得訓練員工使用這項新技術，且許多商品還未打上條碼。但久而久之，獲利大幅提高，因為條碼變得無所不在。但在巴斯克的研究裡，最引人注目的發現，乃是：條碼掃瞄機所促成的利潤提高並未平均澤被各商店。大商店比小店的生意好上許多。

在店裡維持大量存貨始終有一固有的優勢：顧客有較多樣的商品可選擇，而且店家可用較少的錢從批發商那兒批來大量商品。但在條碼和其他種電腦化庫存管理工具問世之前，保有大量庫存的益處，大部分被掌握每樣商品庫存量一事的成本抵銷掉。如果店裡存放了一千項，而非一百項商品，就需要更多人力和時間來查明哪些熱銷商品需要補貨，哪些商品滯銷，徒占架上空間。但條碼和掃瞄機大幅降低維持龐大庫存的成本。條碼掃瞄機於美國登場後的幾十年裡，零售商店的規模暴增：拜自動化庫存管理之賜，連鎖店得以放手擴張為如今主宰零售業的大賣場。若沒有條碼掃瞄，今日塔吉特（Target）、百思買（Best Buy）以及賣場面積如同航站大廈的超級市場的購物盛況，不會那麼容易就出現。如果雷射史上有死光，死光槍下的亡魂就是夫妻經營的小店，被大賣場革命摧毀的獨立商店。

國家點火設施×小如胡椒粒的氫丸：創造乾淨、永續的能源

《星際大戰》、《飛俠哥頓》的早期科幻迷，若看到強大的雷射被拿去掃瞄口香糖包（以高超手法集中的光竟被用去管理庫存）會大失所望，但若想到北加州勞倫斯利佛摩爾實驗室的國家點火設施（National Ignition Facility），心情大概會好上許多。科學家已在那裡建造了全球最大、最高能的雷射系統。人造光最初只是簡單的照明工具，助我們於天黑後閱讀、娛樂；不久，它被改造，用於廣告、藝術和資訊。但在國家點火設施，科學家讓光兜了個圈子回到原點，利用雷射創造以核融合為基礎的新能源，重現在太陽（我們天然光的原始來源）的稠密核心裡自然發生的過程。

在國家點火設施的深處，核融合發生所在的「標靶室」（target

chamber）的附近，有一道長長的走道飾有乍看之下是一連串一模一樣之羅思科（Rothko）畫作的東西，它們全都展示八個大小如同晚餐餐盤的大型紅色方形物。這些方形物共有一百九十二個，每個都代表朝點火室一細小氫珠同時射發的諸多雷射之一。我們習於將雷射視為極微量的集中光，但在國家點火設施，雷射比較像是炮彈，將近兩百個雷射合力創造出一道會令威爾斯引以為傲的能量束。

這個耗資數十億美元的建築群，被設計來執行自成一格且為時僅一微秒的活動：把雷射射向氫燃料，同時有數百具感應器和高速攝影機觀察此活動。在國家點火設施，他們把這些活動稱作「射擊」（shot）。每一次的射擊都需要六十多萬個控制裝置嚴絲合縫的協調合作。每道雷射光束在一連串鏡片和反光鏡引導下運行一點五公里，所有雷射光束共同增強功率，最後達到一百八十萬焦耳的能量和五百兆瓦的功率，且它們全都匯集在大小如胡椒粒的一個燃料源上。雷射的定位必須非常精確，相當於站在舊金山AT&T公園的投手丘上，向五百八十五公里外的洛杉磯道奇體育場投出一記好球。每一微秒的光脈衝，存在時間短暫，卻擁有美國全國電力網能量一千倍的能量。

國家點火設施的所有能量擊中只有毫米寬的靶丸，在靶丸身上產生前所未見的情況——超過一千萬度的溫度、達鉛密度百倍的密度、達地球大氣壓力一千億倍以上的壓力。這些情況類似恒星、巨行星核心、核武內的情況，使國家點火設施得以在地球上創造出一個迷你恒星，把氫原子融合，釋放出數量驚人的能量。在那一瞬間，在雷射壓縮氫時，那個燃料丸是太陽系裡最熱的地方，甚至比太陽核心還熱。

國家點火設施的目標，不是創造死光或最高端的條碼掃瞄機，而是創造出可永續的乾淨能源。二〇一三年，國家點火設施宣布，這個裝置已在其數次射擊期間首度產生淨正能量，即融合過程所需的能量稍少於它所創造的能量。那仍不足以大量有效率的再生，但國家點火設施的科學家深信，經過足夠的實驗，他們最終能用雷射以幾乎完全的對稱性壓縮燃料丸，屆時我們會擁有潛力無限的能源，替現代生活所需的所有燈泡、霓虹燈招牌、條碼掃瞄機提供動力，更別提替電腦、空調、電動車提供動力。

匯聚在那顆氫丸上的一百九十二道雷射，有力地告訴我們，我們已在極短的時間內取得多大的成就。僅僅兩百年前，最先進的人造光有賴於在大洋之中的船隻甲板上割開鯨魚。如今我們能利用光在地球上製造出人造太陽，即使只存在一瞬間。沒人知道國家點火設施的科學家能不能如願創造出以核融合為基礎的乾淨、永續能源。說不定有人甚至把它視為徒勞無益的事，一場受到大力吹捧但產生的能量永遠少於它所投入之能量的雷射表演。但想當年，啟程航入太平洋，花三年歲月尋找二十四公尺長的海洋哺乳動物，荒唐程度絲毫不下於國家點火設施，而那場追尋激發我們對光長達一個世紀的渴求。或許，國家點火設施的夢想家，或地球某處的另一組研究伙伴，最終會促成同樣的效應。我們仍在追尋新的光。

結論　時光旅行者

一八三五年七月八日，英格蘭男爵威廉・金恩（William King）在倫敦西郊舉行了小型結婚典禮，婚禮會場位在原屬小說家亨利・費爾丁（Henry Fielding）所有的一個莊園，莊園名叫佛德胡克（Fordhook）。這是場賓主盡歡的婚禮，但考慮到金恩的爵位和家族財富，規模遠不如外界預期的盛大。婚禮如此低調，肇因於大眾對他的十九歲新娘太感興趣。新娘子是美麗聰穎的奧古絲塔・拜倫（Augusta Byron），惡名昭彰的浪漫派詩人拜倫勛爵的女兒，這時普遍被以她的中間名艾妲（Ada）稱之。拜倫已死十年，自他女兒還在襁褓時拜倫就未見過她，但他的過人才氣和放蕩不羈的名聲，仍在歐洲文化界迴盪。一八三五年時沒有狗仔隊糾纏金恩男爵和他的新娘，但艾妲的名氣使她的婚禮不得不保持某種程度的低調。

經過短暫的蜜月，艾妲和她的新婚夫婿開始在他位於奧克姆的家族莊園、在薩摩塞特的另一個莊園和倫敦的家輪流居住，展開看來會是悠閒家居生活的日子，儘管得解決維持三個住所這個令人豔羨的難題。到了一八四〇年，這對夫妻已生下三個孩子，金恩已晉升為伯爵，被列入維多利亞女王的加冕典禮與會貴賓名單中。

就維多利亞時代社會的傳統標準來看，艾妲的生活似乎是每個女人所夢寐以求的：貴族身分、有個深愛她的丈夫、有三個小孩，包括最重要的男繼承人。但當她擔起母職並掌理一塊遼闊家族地之後，她不滿意這樣的人生，於是走上維多利亞時代女人實質上聞所未聞的一條道路。一八四〇年代，女人以某種方式從事藝術創作並非不可能，甚至可能嘗試寫小說或散文。但艾妲的心被帶往另一個方向。她熱愛數字。

艾妲還是個少女時，母親安娜貝拉．拜倫就鼓勵她攻讀數學，陸續聘請了數位家庭教師教她代數和三角學，而在女人被拒於皇家學會這類重要科學機構之外，且被認為無法從事嚴謹科學思考的年代，女人上這樣的課乃是大悖社會流俗之舉。但安娜貝拉鼓勵女兒鑽研數學別有用心，希望這門學科講究條理和實際的特質會壓過她亡父的不良影響。安娜貝拉希望，數字的世界會使她女兒免遭藝術墮落氣質的毒害。

安娜貝拉的計畫似乎一度奏效。艾妲的丈夫已被封為洛夫萊斯伯爵（Earl of Lovelace），一家人似乎走上正軌，不會走上十五年前毀掉拜倫勛爵的混亂、離經叛道行徑。但隨著她的第三個小孩脫離嬰兒期，艾妲不知不覺被吸引回數學的世界，覺得一生當個持家的母親有所缺憾。她那個時期的信，流露出既懷有浪漫派雄心（認為靈魂凌駕將其困住的世俗觀念），又強烈相信數學理性力量的奇怪心態。艾妲寫到微積分時的那股熱情、衝勁（和自信），就和她父親寫到不倫之愛時的心情一樣：

由於我神經系統的某種特異之處，我感受到別人未感受到的某些事物

> ……一種對隱祕之事物，即不被眼、耳和一般官能察覺到之事物的直覺感知。在發現的道路上，光有這個對我助益不大，但此外，我還有無限的推理能力和專注力。

一八四一年底，艾妲對家庭生活與數學抱負兩者的矛盾心態來到危機時刻，就在這時，她從安娜貝拉那兒得知，父親去世前那些年，和自己同父異母的姊姊生下一個女兒。艾妲的父親不只是那當時最惡名昭彰的作家，還犯了亂倫罪，而且亂倫所生下的小孩是艾妲已認識多年的一個女孩。安娜貝拉主動將此事告訴女兒，藉此讓女兒相信拜倫的確是個敗類，相信如此叛逆、離經叛道的作風只會以毀滅收場。

於是，在仍然年輕的二十五歲年紀，艾妲·洛夫萊斯的人生來到了十字路口，眼前是兩條大不相同的安身立命之路。她可以認命接受安穩的男爵夫人道路，在傳統禮儀的規範內過日子。或者她可接受她「神經系統的（那些）特異之處」，為她自己和她的獨特天賦找出充滿新意的道路。

艾妲所處的時代環境——框限女人所能扮演角色的社會觀念、使她得以有選擇餘地承繼的財產、使她有時間思索未來之路的閒暇——讓她面臨這樣的抉擇。但她面前的兩條路也是她的基因，她從父母那兒承襲的才華、性情乃至躁狂氣質，所造就出來的。從某個意義上說，她在安穩家庭生活和擺脫社會流俗規範之間有所抉擇，就是在她母親和父親之間擇一。繼續在奧克姆莊園過安穩日子是較好走的路；所有社會力量均驅使她往那條路走。但不管她喜不喜歡，她仍是拜倫的女兒。合乎社會流俗的生活，於她似乎愈來愈無法接受。

但艾妲．洛夫萊斯另闢蹊徑，繞過她在二十五歲時所面對的難關。她與維多利亞時代另一個觀念同樣超越所處時代的傑出之士合作，規畫出一條讓她得以推開維多利亞時代社會的障礙，同時不致屈從於曾包裹住她父親那股肆無忌憚之創造力的道路。她成為軟體設計師。

或許有人覺得，在十九世紀中期編碼，就像在從事一項只有靠時光旅行才得以做到的職業，但幸運之神眷顧，讓艾妲遇見了能給予她這樣一份研究專案的維多利亞時代人：查爾斯．巴貝奇（Charles Babbage）。這位才華橫溢、學識博雜的發明家，正在為他所構想的分析機（Analytical Engine）畫草圖。此前巴貝奇已花了二十年研製先進計算機，但一八三〇年代中期起，他開始投入一項將持續到他離開人世的計畫：設計出一台真的可編程的電腦，能執行遠非當時任何機器所能執行的複雜計算序列。巴貝奇的分析機注定不管用，他努力用工業時代的機件打造數位時代的電腦；但在觀念上，那是了不起的一大躍進。巴貝奇的設計預示了今日電腦的所有重要組成部件：中央處理器的概念（巴貝奇將它稱作「工廠」）、隨機存取記憶體的概念、軟體控制機器的概念。軟體刻在穿孔卡上，和一百多年後用來替電腦編程的穿孔卡一模一樣。

艾妲於十七歲時在巴貝奇某著名的倫敦沙龍裡遇見他，兩人維持友善且充滿知性探討的通信多年。於是，一八四〇年代初期在走到人生的十字路口時，她寫了封信給巴貝奇，間接表示他或許是她逃離奧克姆莊園生活局限的出路：

我很想跟你談談。要談什麼，我會給你一點暗示。我認為未來，我的腦子或許會有助於你的某些目標或計畫。如果是如此，如果我值得或能夠為你所用，我的腦子任君使用。

巴貝奇的確需要艾妲出色的頭腦，兩人的合作將產生計算史上一份奠基文獻。先前已有某義大利工程師寫了篇文章談巴貝奇的機器，在友人推薦下，艾妲將該文譯成英文。她將譯作告訴巴貝奇，巴貝奇問她為何不自己就此主題寫篇文章。艾妲雖有遠大抱負，卻似乎從未想過把自己的分析心得形諸筆墨，於是，在巴貝奇鼓勵下，她寫出自己的警句式評注文。那是利用替那篇義大利文章加上的一連串增注編寫而成。

日後的發展顯示，那些注釋比它們所注解的原文更加有價值和影響力。它們含有一連串可用來指導分析機運算的指令集。如今這些指令集被視為史上所發表過最早的運行軟體，儘管可真正運行這組代碼的機器要再過一百年才會問世。

艾妲是否是這些程式的唯一作者，或她是否把先前巴貝奇本人就已想出的例行程序修改到完善，目前未有定論。但艾妲最了不起的貢獻，不在寫出指令集，而是為分析機預想出巴貝奇本人都未想過的多種功用。她寫道：「許多人認為這部機器的用途在於用數字符號給出結果，因而它運作過程的本質必然是算術的、數字的，而非代數的和分析的。這不對。這台機器能把數值完全當成字母或其他任何通用符號一般予以編排、結合。」艾妲認知到巴貝奇的機器不只是數字吞吐機，它的潛在用途遠超乎機械式的計算。日後它說不定能發揮更高超本事：

> 例如，假設在和聲學和樂曲裡特定音高之聲音的基本關係可以如此表達和改造，這台機器或許可以編出精細的、科學的，且複雜程度或規模不拘的樂曲。

十九世紀中期就能在觀念上有如此的躍進，簡直叫人無法理解。整個腦子以可編程電腦這想法為核心去思考，在當時是很難做到的事，巴貝奇那個時代的人幾乎沒人懂得他所發明的東西，但艾妲能把這個概念更推進一步，提出這台機器或許也能像魔法般變出語言和藝術的看法。那一個注釋開闢了一個觀念空間，且那空間最後會被二十一世紀初期文化的許多東西占據：谷歌查詢、電子音樂、iTunes、超文本。這台電腦將不只是一台特別靈活的計算機，它還會是具表達能力的、代表性的，乃至具審美趣味的機器。

當然，巴貝奇的構想和洛夫萊斯的注釋超前其所屬時代太遠，因而有很長一段時間，它們湮沒於歷史。巴貝奇的主要見解，大部分要在一百年後，最早的可運行電腦於一九四〇年代建成之時，才被人重新發現。那些電腦靠電和真空管運作，而非靠蒸汽動力。把電腦視為既能計算也能製造文化的美學工具的觀念，要到一九七〇年代才會普及，即使在波士頓或矽谷之類高科技重鎮亦然。

最重要的創新，至少近現代史上最重要的創新，乃是同時問世的數項發現和合的產物。觀念和技術上的元件合在一塊，使某個構想變成可以想像（比如人工製冷或燈泡），然後，在世界各地，你突然看到有人致力於解決那問題，且通常抱著同樣的基本假設（關於那個問題最終要如何解決的基本假設）來處理該問題。愛迪生和他的同行或許對真空或碳絲在發明電燈泡方面的重要性意見不一，但他們無人致力於研發ＬＥＤ。揆諸信史，多人同時發明一物之事屢見不鮮，而這一現象對歷史哲學和科學帶來有趣的影響：發明順序的確立，受到基本物理法則或資訊或地球環境的生物性、化學性限制因素有多大程度的影響？我們把微波爐必須在人支配火之後才會發明出來一事視為理所當然，但，比如說，望遠鏡和顯微鏡在眼鏡問世後不久就出現一事，必然性又有多高？（例如，假設眼鏡已普獲採用，但接下來卻隔了五百年，才有人想到利用眼鏡改造出望遠鏡？這似乎不大可能，但我認為不是絕不可能。）多人同時發明一物的現象在技術史如此顯著，最起碼告訴我們，諸多歷史事件的和合，以此前未有的方式使一新技術變成可以想像。

至於哪些事件構成那樣的事件，則是較難釐清但有趣的疑問。在此我試圖給出一些簡單的答案。以鏡片為例，它們從數個互不相干的事件中誕生：玻璃製造專門技術，尤其是在穆拉諾島上培養出的這類技術；有助於僧侶晚年閱讀經卷的玻璃「眼睛」的獲得採用；使對眼鏡的需求爆增的印刷機的問世（當然還有二氧化矽本身的基本物理特性）。我們無法確切知道這些事物的整個影響程度，而且有些影響無疑太微妙，非多年後的我們所能探明，就像從遙遠恒星射來的星光。但這個疑問仍值得探究，即使我們已甘於接受帶點猜測性質的答案，就像我們試圖解開美國內戰或一九三〇年代北美大草原乾旱的原因那樣。它們值得探究，乃是因為我們如今正經歷類似的革命性劇變，被我們本身之「鄰近可能」的範圍與機會限定住的劇變。了解過去左右社會發展的那些創新模式，只會有助於我們更順利地走過未來，即使我們對那段過去的解釋無法像一科學理論那樣可證偽。

但如果同時發明是通則，那麼那些例外該怎麼說？對於巴貝奇和洛夫萊斯該怎麼說？他們兩人實際上比當時地球上幾乎每個人領先了一個世紀。大部分創新發生於「鄰近可能」的現在式裡，用到當時可取得的工具和觀念；但有時，某個人或某個團體做出一個簡直像是時光旅行的躍進。他們怎麼做到的？什麼因素使他們得以不致像同時代人那樣受到「鄰近可能」的範圍局限，看到更外面的天地？那或許是最大的謎團。

傳統解釋乃是祭出萬用但有點落入循環論證範疇的「天才」理論。達文西能在十五世紀想像出（並畫下）直昇機，因為他是個天才；巴貝奇和洛夫萊斯能在十九世紀想像出可編程電腦，因為他們是天才。這三人無疑都具備過人的知性天賦，但歷史上有著高智商卻未能提出超前他們時代數十年或數百年的發明者，多如過江之鯽。那種超越所屬時代框限的過人天賦，無疑有一部分來自他們本身生猛有力的知性技能，但我想可能有同樣多的部分來自他們的構想演化生成所在的環境，即左右他們思維的那些興趣和外在影響。

如果說這些時光旅行者，除了無法解釋的過人天賦，還有一共通點，那就是他們都在他們所屬的正式領域的邊緣奮鬥，或在大不相同的諸學科的交會點上奮鬥。想想在愛迪生開始研究留聲機之前一個世代，就發明出錄音裝置的愛德華—萊昂．斯科特．德．馬丁維爾。斯科特能得出「寫下」聲波這個構想，乃是因為他從速記法、印刷術和人耳生理研究中得到借鑑。艾妲．洛夫萊斯能看出巴貝奇分析機的美學可能性，乃是因為她已在先進數學與浪漫派詩歌兩者獨一無二的撞擊點上度過一段人生歲月。她的「神經系統」的「特異之處」，即看出事物表象之外性質的浪漫派本能，使她得以想像出一台能以連巴貝奇本人都料想不到的方式，巧妙處理符號或編曲的機器。

這些時光旅行者在某種程度上提醒我們，在一已然確立的領域裡工作，既有利於取得成就，同時又限制人盡情施展長才。待在你學科的界線內，你會較輕鬆就取得進一步的改進，打開「鄰近可能」的大門，讓你在特定的歷史時刻可以直接登堂入室窺其堂奧（這麼做當然沒什麼不妥，進步倚賴於進一步的改進）。但學科的分界也可能限制你的眼界，使你看不到只有跨過那些分界才能看到的更大構想。有時，那些分界是實實在在的分界，地理上的分界：佛雷德里克．杜鐸來到加勒比海地區，在熱帶夢想著冰的滋味；克萊倫斯．伯茲艾在拉布拉多半島與伊努伊特人一起在冰上釣魚。有時，那些分界是觀念上的分界：斯科特借鑑速記術發明了語音描記器。這些時光旅行者，整個來講，往往都有一些嗜好：想想達爾文和他的蘭花。達爾文於出版《物種起源》四年後出版論授粉的著作，給它取了極具維多利亞時代風格的書名，《論昆蟲使不列顛與外國蘭花受精的各種手段和論雜交的正面效應》（*On the Various Contrivances by Which British and Foreign Orchids and Fertilised by Insects, and on the Good Effects of Intercrossing*）。拜今日遺傳學之賜，我們如今了解「雜交的正面效應」，但這個原理也適用於知識史。這些時光旅行者特別善於「雜交」不同的專門知識或技術領域。這是業餘愛好者的殊勝之處：當你的書房或車庫裡到處是雜七雜八不同知識領域的東西，要把那些領域混在一塊，一般來講比較容易。

車庫為何成為創新者工作場所的象徵，原因之一正是它們存在於傳統的工作或研究空間之外。它們不是辦公室裡的小隔間或大學實驗室；它們是與工作、學校不搭軋的地方，是讓我們的次要興趣有空間成長、演化的地方。專家出門前往他們位於角落的辦公室和演講廳。車庫是駭客、修補者、製造者擅場的空間。車庫不以某個領域或產業來界定，而是以其主人博雜的興趣來界定。它是知性網絡會合的所在。

史蒂夫・賈伯斯（當代偉大的車庫創新者）在其著名的史丹福大學畢業典禮演說中，講了幾個無意間所取得的新經驗激發創造力的故事：從大學休學，旁聽字體美術設計課，而那堂課最終大幅影響麥金塔的圖形用戶界面；三十歲時被迫離開蘋果公司，使他得以入主皮克斯（Pixar），推出動畫電影，並創立NeXT電腦公司。賈伯斯說：「成功的沉重被再度從頭開始的輕鬆取代，什麼事都比較不篤定。它解放了我，使我得以進入我人生最富創造力的時期之一。」

但在賈伯斯的演說末尾，出現一奇怪的反轉。詳述過不可思議的遭遇和探索能如何解放人心之後，他以較為感性的「忠於自我」呼籲作結。

別受困於教條，教條就是要你安之若素接受他人思考的結果。別讓他人的意見淹沒你自己內在的聲音。最重要的，要勇於順著自己的心和直覺往前走。

如果說從創新史，特別是從那些時光旅行者的生平裡，我們悟出什麼道理，那就是光忠於自己還不夠。人的確不該被正統思想和傳統觀念困住。本書所介紹的那些創新者，的確表現出長期堅守自己直覺想法的韌性。但忠於自己的認同感，忠於自己的根，卻有類似的風險。比較好的作法，應是挑戰那些直覺想法，探索有形和無形的未知領域，應該去取得新的連結，而非安穩待在一成不變的生活裡。如果你想稍稍改善世界，你需要專注和決心；需要留在某領域的範圍裡，逐一打開「鄰近可能」的新門。但如果你想成為類似艾妲那樣的人，如果想擁有「對隱祕之事物的直覺感知」，那麼，你就得些許迷失自己。

誌謝

寫書有個頗為固定的週期，至少就我的經驗來說是如此：書一開始幾乎是孤苦零丁，只有作者和他的想法陪著，他們待在那親密的小空間數個月，有時數年，其間只被與主編偶爾的訪談或交談打斷。然後，隨著出版日期接近，交遊圈子擴大；突然間有十幾個人拿起那粗略、未定案的草稿讀，幫忙把它打理成漂漂亮亮的成品。接著書本上架，所有的心血一下子公開到簡直嚇人的地步，數千名書店員工、書評人、電台採訪人、讀者得以一窺原本只有作者、編輯得以一窺的書中世界。然後，整個週期從頭再來。

但這本書循著截然不同的模式。由於有美國公共電視網／英國廣播公司

（PBS/BBC）電視系列節目的同時發展，它從一開始就是社會性、合作性的過程。書中的故事和觀察心得，更別提本書的主要結構，都產生自數百場交談：在加州、倫敦、紐約、華府，透過電郵和Skype，與數十人的交談。製作這個系列節目和這本書，乃是我輩子所做過最辛苦的事，而且為此不得不下到舊金山下水道，只是其中的辛苦事之一而已。但它也是我所做過受益最大的工作，主要因為與我共同催生此書者都是極富創意且相處很愉快的人。這本書在無數方面受益於他們的才智支持。

我首先要感謝渾身是勁的Jane Root，她說服我嘗試上電視，在從構想到成書期間始終不遺餘力支持（感謝Michael Jackson多年前介紹我們兩人認識）。Peter Lovering、Phil Craig、Diene Petterle，身為製作人，以高明的技能和創意塑造了本書裡的觀念和敘述，Julian Jones、Paul Olding、Nic Stacey三位導播亦然。如此複雜且有如此多潛在的敘述主線的專案，若沒有以下的研究人員和故事製作人幫忙，幾乎不可能完成：Jemila Twinch、Simon Willgoss、Rowan Greenaway、Robert MacAndrew、Gemma Hagen、

Jack Chapman、Jez Bradshaw與Miriam Reeves。我還要感謝Helena Tait、Kirsty Urquhart-Davies、Jenny Wolf以及Nutopia公司團隊的其他成員（更別提Peepshow Collective公司那些優秀的插畫家）。我受惠於以下諸位格外的信任：美國公共電視網的Beth Hoppe與Bill Gardner，以及美國公共廣播公司（CPB）的Jennifer Lawson、奧勒岡公共廣播網（OPB）的Dave Davis、英國廣播公司的Martin Davidson。

一本涵蓋如此多種領域的書，若沒有借助他人的專門知識，絕不可能順利寫成。我要感謝為此專案受訪的許多才華洋溢之士，其中有些人撥冗讀了部分初稿：Terri Adams、Katherine Ashenburg、Rosa Barovier、Stewart Brand、Jsaon Brown、Dr. Ray Briggs、Stan Bunger、Kevin Connor、Gene Chruszcs、John DeGenova、Jason Deichler、Jacques Desbois、Dr. Mike Dunne、Catherina Fake、Kevin Fitzpatrick、Gai Gherardi、David Giovannoni、Peggi Godwin、Thomas Goetz、Alvin Hall、Grant Hill、Sharon Hudgens、Kevin Kelly、Craig Koslofsky、Alan MacFarlane、David

Marshall、Demetrios Matsakis、Alexis McCrossen、Holley Muraco、Lyndon Murray、Bernard Nagengast、Max Nova、Mark Osterman、Blair Perkins、Lawrence Pettinelli、Dr. Rachel Rampy、Iegor Reznikoff、Eamon Ryan、Jennifer Ryan、Michael D. Ryan、Steven Ruzin、Davide Salvatore、Tom Scheffer、Eric B. Schultz、Emily Thompson、Jerri Thrasher、Bill Wasik、Jeff Young、Ed Yong與Carl Zimmer.

在Riverhead出版社，我的主編暨出版人Geoffrey Kloske對本書編務上的需求有一貫敏銳的掌握，且從一開始就以高明設計眼光形塑本書的風貌。在此也要感謝該出版社的Casey Blue James、Hal Fessenden與Kate Stark，以及我的英國出版人Stefan McGrath、Josephine Greywoode。一如以往，要感謝我的經紀人Lydia Willis將近五年來始終對此專案抱持信心。

最後，要向內人Alexa以及Clay、Rowan與Dean三個兒子獻上我的愛與感激。寫書謀生，通常使我有較多時間與他們相處，且因料理家中雜務、與Alexa聊天、接小孩放學而延後交稿。但這一專案使我離家的時間多過在家的時間。我要感謝他們四人容忍我的不在家。希望這段不在家的歲月使我們一家人感情更好。

附注

前言　機器人歷史學家和蜂鳥翅膀

頁24　「人類歷史學家或許會努力去了解……由輪齒和輪子構成的類似體系。」：De Landa, 頁.

頁34　「我有個從事藝術創作的友人」：From *The Pleasure of Finding Things Out*, a 1981 documentary.

第一章　玻璃

頁40　來自土耳其的一小批玻璃工：Willach, p. 30.

頁41　一二九一年，為留住玻璃工的技能：Toso, p. 34.

頁42 經過幾年的摸索……安傑洛・巴羅維耶：Verità, p. 63.

頁43 有好幾代時間，這些精巧的新裝置：Dreyfus, pp. 93-106.

頁44 古騰堡印刷機問世不到百年：http//faao.org/what/heritage/exhibits/online/spectacles/.

頁46 傳說其中之一：Pendergrast, p. 86.

頁48 「最差勁的老師之一」：Quoted in Hecht, p. 30.

頁50 「如果有個好心的仙人承諾」：Quoted ibid., p. 31.

頁53 來自文藝復興時期和近代的最崇高藝術作品：Woods-Marsden, p. 31.

頁54 過去在穆拉諾島上，玻璃工就已懂得：Pendergrast, pp. 119-120.

頁55 「想弄清楚你畫作」：Quoted ibid., p. 138.

頁56 「好似所有人」：Macfarlane and Martin, p. 69.

頁56 「世上最強大的君王」：Mumford, p. 129.

頁64 「這些灰如何單單靠」：Quoted ibid., p. 131.

第二章　製冷

頁70 「冰是有趣的凝視對象」：Thoreau, p. 192.

頁73「將冰運到熱帶氣候區的計畫及其他等等」：Quoted in Weightman, loc. 274-276.

頁73「在一年某些季節裡天氣會熱到讓人幾乎無法忍受的地方」：Quoted ibid., loc. 289-290.

頁73「多到讓我們不知怎麼花的錢」：Quoted ibid., loc. 330.

頁74「不是開玩笑」：Quoted ibid., loc. 462-463.

頁77「九日星期一」：Quoted ibid., loc. 684-688.

頁80「三十年前的今天」：Quoted ibid., loc. 1911-1913.

頁82「於是，查爾斯敦、紐奧良」：Thoreau, p. 193.

頁83「在工場、排字間、會計室」：Quoted in Weightman, loc. 2620-2621.

頁85「擺放了許多天然冰的冷卻室」：Miller, p. 205.

頁86「應用基礎物理學」：Ibid., p. 208.

頁86「一個城鄉（糧食）體系」：Ibid.

頁87「在一地所曾聚集最大的勞力」：Sinclair.

頁87「直接通往死亡」：Dreiser, p. 620.

頁90 一連串船難使來自杜鐸之新英格蘭地區的冰無法如期運抵：Wright, p. 12.

頁92「或許更能造福人類」：Quoted in Gladstone, p. 34.

頁95 到了一八七〇年，南方諸州：Shachtman, p. 75.

頁96 凡是冷凍過的肉或農產品：Kurlansky, pp. 39-40.

頁99 「鮮魚配送作業的無效率和不衛生」：Quoted ibid., p. 129.

頁103 他的第一場大測試：http://www.filmjournal.com/filmjournal/content_display/news-and-features/features/technology/e3iad1c03f082a43aa277a9bb65d3d561b5.

頁104 「在大熱天要使迅速坐滿的戲院降溫得花一些時間」：Ingels, p. 67.

頁106 佛羅里達、德克薩斯、南加州暴增的人口：Polsby, pp. 80-88.

頁108 全球數百萬人的生存：http://www.the guardian.com/society/2013/jul/12/story-ivf-five-million-babies.

第三章 聲音

頁114 根據瑞茲尼科夫的說法，尼安德塔人群聚於他們所畫的圖畫旁：http://www.musicandmeaning.net/issues/showArticle.php?artID=3.2.

頁117 在發明史上，可能沒有比語音描記器：Klooster, p. 263.

頁120 就在幾年前，由大衛・喬凡諾尼……組成的聲音歷史學家團體：http://www.firstsounds.org.

頁121 這人就是亞歷山大・格雷厄姆・貝爾：Mercer, pp. 31-32.

頁124 「說貝爾和他的繼任者是現代商業建築……或許有人會覺得離譜。」：Quoted in Gleick 2012, loc. 3251-3257.

頁125 最後，司法部的反托辣斯律師：Gertner, pp. 270-271.

頁129 他們實際上以每秒兩萬次的速度：http://www.nsa.gov/about/cryptologic_heritage/center_crypt_history/publications/sigsaly_start_digital.shtml.

頁130 「我們今日在華府和倫敦一起」：Quoted ibid.

頁132 德富雷斯特在他位於芝加哥的家中實驗室：Hijiya, p. 58.

頁132 作為言語的傳送器：Thompson, p. 92.

頁133 「我期盼有那麼一天」：Quoted in Fang, p. 93.

頁133 「乙太波通過那些最高大樓的上方」：Quoted in Adams, p. 106.

頁134 但在德富雷斯特所積累的種種錯誤後面：Hilja, p. 77.

頁135 幾乎一夜之間，無線電接收機就使爵士樂：Carney, pp. 36-37.

頁139 「美國黑人追尋認同之舉」：Quoted in Brown, p. 176.

頁141 貝爾實驗室工程師哈維・佛萊徹支持該協會的訴求：Thompson, pp. 148-158.

頁143 「沒人聽得懂那聲音」：Quoted in Diekman, p. 75.

頁147 該船沉沒前幾天：Frost, p. 466.

頁148 巡行北大西洋的德國潛艇：Ibid., pp. 476-477.

頁149 「我懇求他們」：Quoted ibid., p. 478.

頁151 中國全境在醫院出生嬰兒的男女比率：Yi, p. 294.

第四章 乾淨

頁154 一八五六年十二月，芝加哥一位中年工程師：Cain, p. 355.

頁154 更新世時期，遼闊冰原：Miller, p. 68.

頁155 「你（這項）購地愚不可及」：Quoted ibid., p. 70.

頁155 「裂縫與裂縫間湧出綠、黑色的黏泥」：Miller, p. 75.

頁156 這樣的成長速度……製造的糞便非常可觀：Chesbrough, 1871.

頁156 「街溝裡污物漂流」：Quoted in Miller, p. 123.

頁156 「拉什街橋下河水被血染得非常紅」：Quoted ibid., p. 123.

頁157 許多人把疫病歸因於……「死霧」：Miller, p. 123.

頁157 「可出任首席工程師之職」：Cain, p. 356.

頁158 一群工人利用螺旋千斤頂逐個抬高建築：Ibid., p. 357.

頁159 飯店裡「始終有人來來往往」：Cohn, p. 16.

頁159 「在這城市逗留期間」：Macrae, p. 191.

頁159 不到三十年，就有全國二十多座城市：Burian, Nix, Pitt, and Durrans.

頁161 魚「出來時已熟爛」：http://www.pbs.org/wgbh/amex/chicago/peopleevents/e_canal.html.

頁161 「倒進該溪的油脂和化學物質」：Sinclair, p. 110.

頁163 在維也納的綜合醫院任職時：Goetz, loc. 612-615.

頁164 「洗澡使人的腦袋滿是蒸汽」：Quoted in Ashenburg, p. 100.

頁165 路易十三直到七歲：Ashenburg, p. 105.

頁165 哈麗特・比徹・斯托和她的姊姊：Ibid., p. 221.

頁166 「到了本世紀最後幾十年」：Ibid., p. 201.

頁168 「我的成就大部分要歸功」：http://www.zeiss.com/microscopy/en_us/about-us/nobel-prize-winners.html.

頁168 柯霍確立了一個可適用於：McGuire, p. 50.

頁169 他的關注源於切身之痛：Ibid., pp. 112-113.

頁171 「李爾沒時間做試點研究」：Ibid., p. 200.

頁173 「關於那個問題，我裁定並報告」：Quoted in ibid., p. 248.

頁174 「如果這個實驗結果良好」：Quoted ibid., p. 228.

頁174 約十年前，大衛・卡特勒和格蘭特・米勒：Cutler and Miller, pp. 1-22.

頁176 「整個來講，一九二〇至一九四〇年，女人的大腿」：Wiltse, p. 112.

頁178 安妮・默雷創造了美國第一個：*The Clorox Company: 100 Years, 1,000 Reasons* (The Clorox Company, 2013), pp. 18-22.

頁182 二〇一一年，比爾與梅琳達・蓋茨基金會：http://www.gatesfoundation.org/What-We-Do/Global-Development/Reinvent-the-Toilet-Challenge.

第五章　時間

頁188 一九六七年十月，來自世界各地的一群科學家……但國際度量衡大會不一樣：Blair, p. 246.

頁190 為了確認不是幻覺：Kreitzman, p. 33.

頁191 「鐘擺的神奇特性」：Drake, loc. 1639.

頁193 先前的天文觀察讓他想到：http://galileo.rice.edu/sci/instruments/pendulum.html.

頁195 鐘表製造者是日後人稱工業工程：Mumford, p. 134.

頁196 「雨天，他可能織」：Thompson, pp. 71-72.

頁197 「雇主必須好好利用工人的時間」：Ibid., p. 61.

頁198 「要命的統計鐘」：Dickens, p. 130.

頁200 照丹尼森的構想：Priestley, p. 5.

頁200 丹尼森的「威廉・埃勒里」懷表……要價僅三塊五美元：Ibid., p. 21.

頁204 「那實在可笑」：http://srnteach.us/HIST1700/assets/projects/unit3/docs/railroads.pdf.

頁204 直到一八八〇年代初期……美國才總算解決了這個問題：McCrossen, p. 92.

頁205 「兩個正午日」：Bartky, pp. 41-42.

頁205 從遙遠城市透過電報線傳送的電脈衝：McCrossen, p. 107.

頁213 一八九〇年代，瑪麗・居禮在巴黎：Senior, pp. 244-245.

頁216 它會是「一個一年才滴答一次的鐘」：http://longnow.org/clock/.

頁217 「如果你有一個運行一萬年的鐘」：Ibid.

第六章　光

頁222 在一七四三年某日的日記中：Irwin, p. 47.

頁222 天黑後，他們開始「第一段睡眠」：Ekirch, p. 306.

頁224 在看不到陸地的北大西洋上：Dolin, loc. 1272.

頁224 在一七五一年寫的一封信中，班傑明・富蘭克林：Quoted ibid., loc. 1969-1971.

頁225 蠟燭業獲利極高：Dolin, loc. 1992.

頁226 不妨想想，就在兩百年前：Irwin, p. 50.

頁226 僅僅百餘年，就有約三十萬頭抹香鯨：Ibid., pp. 51-52.

頁228 「重大技術變革期間」：Nordhaus, p. 29.

頁229 如今，用一小時的工資則能買到：Ibid., p. 37.

頁230 這個故事的問題所在：Friedel, Israel, and Finn, loc. 1475.

頁234 「賽璐珞、刨花」：Ibid., loc. 1317-1320.

頁237 「想到你在家謹小慎微」：Quoted in Stross, loc. 1614.

頁238 但愛迪生和其伙伴所創造出來的東西：Friedel, Israel, and Finn, loc. 2637.

頁241 史密斯認為這一致性：Bruck, p. 104.

頁243 一八八七年十月，紐約某報……Blitzlicht的消息：Riis, loc. 2228.

頁244 「我們常在凌晨時分走進」：Ibid., loc. 2226.

頁247 「六個配戴大隻手槍的怪人」：Ibid., loc. 2238.

頁248 里斯所拍的影像發表不到十年：Yochelson, p. 148.

頁251 在一般空氣裡氖只占其六萬六千分之一：Ribbat, pp. 31-33.

頁252 一九二〇年代初期，湯姆・楊格：Ibid., pp. 82-83.

頁253 「拉斯維加斯是世上唯一不用建築」：Wolfe, p. 7.

頁254 「對今或昔的暗指與評論」：Venturi, Scott Brown, and Izenour, p. 21.

頁257 「他們能以某種方式」：Wells, p. 28.

頁258 「它是一九六〇年代期間諸多發明的產物」：Gertner, p. 256.

頁259 「雷射之於一般光」：Ibid., p. 255.

頁261 大商店比小店的生意好上許多：Basker, pp. 21-23.

結論 時光旅行者

頁269 安娜貝拉希望，數字的世界：Toole, p. 20.

頁269 「由於我神經系統的某種特異之處」：Quoted in Swade, p. 158.

頁273 「我很想跟你談談」：Quoted ibid., p. 159.

頁274 「例如，假設在和聲學和樂曲裡」：Quoted ibid., p. 170.

圖片來源

1：© Robert Harding / Robert Harding World Imagery / Corbis

2、6、7、8、11、14、18、22、23、24、25、26、27、28、29、34、35、41、43、44、46、52、54、55、56、59、61：Getty Images

3：© Philip de Bay / Corbis

4、5：© The Bridgeman Art Library

9：© The Gallery Collection / Corbis

10：© Alison Wright /Corbis

12：© Lucien Aigner /Corbis

13：State Archives of Florida, Florida Memory, http://floridamemory.com/items/

show/16075. Painted by Charles Foster of Jacksonville for the Dr. John Gorrie Ice Memorial Foundation. Photographed by Fran Shannon

15、21、31、45、57、60‥© Bettmann / Corbis

16‥Courtesy Birdseye Estate

17‥© Philip Gendreau / Corbis

19、20‥Courtesy Carrier Corporation

30‥City Noise: The Report of the Commission Appointed by D. Shirley W. Wynne, Commissioner of Health, to Study Noise in New York City and to Develop Means of Abating It (Academy Press, 1930)

32‥Chicago History Museum, ICHi-09793, Photographer: Wallis Bros.

33‥Chicago History Museum, ICHi-00698, Creator Unknown

36‥Courtesy The Clorox Company

37、38、39‥Wellcome Library, London

40‥Courtesy Texas Instruments

47‥Courtesy Philip T. Priestly, from Aaron Lufkin Dennison: An Industrial Pioneer and His Legacy © 2009, NAWCC Inc. Thanks also to the NAWCC Library and Nancy Dyer.

48 ‥ Library of Congress, Prints & Photographs Division (LC-DIG-ppmsca-34721)

49 ‥ © Steven Vidler / Corbis

50 ‥ Courtesy The Long Now Foundation. Photograph by Chris Baldwin

51 ‥ © Hans Reinhart / Corbis

53 ‥ © Corbis

58 ‥ © H. Armstrong Roberts / ClassicStock / Corbis

62 ‥ © Science Photo Library

國家圖書館出版品預行編目資料

我們如何走到今天？印刷術促成細胞的發現到製冷技術形塑城市樣貌，一段你不知道卻影響人類兩千年的文明發展史／史蒂芬·強森（Steven Johnson）著；黃中憲譯. -- 初版. -- 臺北市：麥田出版：家庭傳媒城邦分公司發行, 2017.01
面； 公分
譯自：How we got to now: six innovations that made the modern world
ISBN 978-986-344-405-3（平裝）

1. 科技社會學 2. 發明

440.015 105021448

我們如何走到今天？

印刷術促成細胞的發現到製冷技術形塑城市樣貌，一段你不知道卻影響人類兩千年的文明發展史

作者 史蒂芬·強森（Steven Johnson）
譯者 黃中憲
封面設計 廖韡
特約編輯 曾淑芳
責任編輯 巫維珍

國際版權 吳玲緯 蔡傳宜
行銷 艾青荷 蘇莞婷 黃家瑜
業務 李再星 陳玫潾 陳美燕 枡幸君
副總編輯 巫維珍
編輯總監 劉麗真
總經理 陳逸瑛
發行人 涂玉雲
出版 麥田出版
地址：10483台北市中山區民生東路二段141號5樓
電話：(02)2500-7696 傳真：(02)2500-1967
發行 英屬蓋曼群島商家庭傳媒股份有限公司城邦分公司
地址：10483台北市中山區民生東路二段141號11樓
網址：http://www.cite.com.tw
客服專線：(02)2500-7718｜2500-7719
24小時傳真專線：(02)2500-1990｜2500-1991
服務時間：週一至週五09:30-12:00｜13:30-17:00
劃撥帳號：19863813 戶名：書虫股份有限公司
讀者服務信箱：service@readingclub.com.tw
香港發行所 城邦（香港）出版集團有限公司
地址：香港灣仔駱克道193號東超商業中心1樓
電話：+852-2508-6231 傳真：+852-2578-9337
電郵：hkcite@biznetvigator.com
馬新發行所 城邦（馬新）出版集團【Cite(M) Sdn. Bhd. (458372U)】
地址：41, Jalan Radin Anum, Bandar Baru Sri Petaling, 57000 Kuala Lumpur, Malaysia.
電話：+603-9057-8822 傳真：+603-9057-6622
電郵：cite@cite.com.my
麥田部落格 http://ryefield.pixnet.net
印刷 前進彩藝有限公司
初版 2017年1月
售價 360元
ISBN 978-986-344-405-3

HOW WE GOT TO NOW © 2014 Steven Johnson
This edition published by arrangement with the Riverhead Books, an imprint of Penguin Publishing Group, a division of Penguin Random House LLC. through Bardon-Chinese Media Agency
Complex Chinese translation copyright © 2017 by Rye Field Publications, a division of Cité Publishing Ltd.
All rights reserved including the right of reproduction in whole or in part in any form.

城邦讀書花園
www.cite.com.tw

本書若有缺頁、破損、裝訂錯誤，請寄回更換。